U0324294

总主编 伍 江 副总主编 雷星晖

王洪昌 王占山 著

极紫外与软X射线多层膜
偏振元件研究

The Research of Multilayer Polarizing
Components in Extreme Ultraviolet
and Soft X-Ray

同济大学出版社
TONGJI UNIVERSITY PRESS

内 容 提 要

针对极紫外和软 X 射线常规周期多层膜偏振元件带宽窄的测试困难的现状,本书首次提出了非周期多层膜宽带偏振光学元件的方法,克服了常规周期多层膜带宽窄、测试时元件需要平移或旋转的难题.

本书适合高等院校师生参考使用.

图书在版编目(CIP)数据

极紫外与软 X 射线多层膜偏振元件研究 / 王洪昌,王占山著. —上海:同济大学出版社,2017.8
（同济博士论丛 / 伍江总主编）
ISBN 978 - 7 - 5608 - 6932 - 2

Ⅰ. ①极… Ⅱ. ①王… ②王… Ⅲ. ①光学元件—研究 Ⅳ. ①TH74

中国版本图书馆 CIP 数据核字(2017)第 090196 号

极紫外与软 X 射线多层膜偏振元件研究

王洪昌　王占山　著

出 品 人　华春荣　　责任编辑　李小敏　熊磊丽
责任校对　徐春莲　　封面设计　陈益平

出版发行　同济大学出版社　　www. tongjipress. com. cn
　　　　　(地址:上海市四平路 1239 号　邮编:200092　电话:021 - 65985622)
经 　 销　全国各地新华书店
排版制作　南京展望文化发展有限公司
印 　 刷　浙江广育爱多印务有限公司
开 　 本　787 mm×1092 mm　　1/16
印 　 张　8.25
字 　 数　165 000
版 　 次　2017 年 8 月第 1 版　　2017 年 8 月第 1 次印刷
书 　 号　ISBN 978 - 7 - 5608 - 6932 - 2

定 　 价　44.00 元

"同济博士论丛"编写领导小组

袁万城　莫天伟　夏四清　顾　明　顾祥林　钱梦騄
徐　政　徐　鉴　徐立鸿　徐亚伟　凌建明　高乃云
郭忠印　唐子来　阎耀保　黄一如　黄宏伟　黄茂松
戚正武　彭正龙　葛耀君　董德存　蒋昌俊　韩传峰
童小华　曾国苏　楼梦麟　路秉杰　蔡永洁　蔡克峰
薛　雷　霍佳震

秘书组成员：谢永生　赵泽毓　熊磊丽　胡晗欣　卢元姗　蒋卓文

总　序

　　在同济大学 110 周年华诞之际，喜闻"同济博士论丛"将正式出版发行，倍感欣慰。记得在 100 周年校庆时，我曾以《百年同济，大学对社会的承诺》为题作了演讲，如今看到付梓的"同济博士论丛"，我想这就是大学对社会承诺的一种体现。这 110 部学术著作不仅包含了同济大学近 10 年 100 多位优秀博士研究生的学术科研成果，也展现了同济大学围绕国家战略开展学科建设、发展自我特色，向建设世界一流大学的目标迈出的坚实步伐。

　　坐落于东海之滨的同济大学，历经 110 年历史风云，承古续今、汇聚东西，秉持"与祖国同行、以科教济世"的理念，发扬自强不息、追求卓越的精神，在复兴中华的征程中同舟共济、砥砺前行，谱写了一幅幅辉煌壮美的篇章。创校至今，同济大学培养了数十万工作在祖国各条战线上的人才，包括人们常提到的贝时璋、李国豪、裘法祖、吴孟超等一批著名教授。正是这些专家学者培养了一代又一代的博士研究生，薪火相传，将同济大学的科学研究和学科建设一步步推向高峰。

　　大学有其社会责任，她的社会责任就是融入国家的创新体系之中，成为国家创新战略的实践者。党的十八大以来，以习近平同志为核心的党中央高度重视科技创新，对实施创新驱动发展战略作出一系列重大决策部署。党的十八届五中全会把创新发展作为五大发展理念之首，强调创新是引领发展的第一动力，要求充分发挥科技创新在全面创新中的引领作用。要把创新驱动发展作为国家的优先战略，以科技创新为核心带动全面创新，以体制机制改革激发创新活力,以高效率的创新体系支撑高水平的创新型国家建设。作为人才培养和科技创新的重要平台,大学是国家创新体系的重要组成部分。同济大学理当围绕国家战略目标的实现,作出更大的贡献。

　　大学的根本任务是培养人才,同济大学走出了一条特色鲜明的道路。无论是本科教育、研究生教育,还是这些年摸索总结出的导师制、人才培养特区,"卓越人才培养"的做法取得了很好的成绩。聚焦创新驱动转型发展战略,同济大学推进科研管理体系改革和重大科研基地平台建设。以贯穿人才培养全过程的一流创新创业教育助力创新驱动发展战略,实现创新创业教育的全覆盖,培养具有一流创新力、组织力和行动力的卓越人才。"同济博士论丛"的出版不仅是对同济大学人才培养成果的集中展示,更将进一步推动同济大学围绕国家战略开展学科建设、发展自我特色、明确大学定位、培养创新人才。

　　面对新形势、新任务、新挑战,我们必须增强忧患意识,扎根中国大地,朝着建设世界一流大学的目标,深化改革,勠力前行!

万　钢

2017 年 5 月

论丛前言

　　承古续今,汇聚东西,百年同济秉持"与祖国同行、以科教济世"的理念,注重人才培养、科学研究、社会服务、文化传承创新和国际合作交流,自强不息,追求卓越。特别是近 20 年来,同济大学坚持把论文写在祖国的大地上,各学科都培养了一大批博士优秀人才,发表了数以千计的学术研究论文。这些论文不但反映了同济大学培养人才能力和学术研究的水平,而且也促进了学科的发展和国家的建设。多年来,我一直希望能有机会将我们同济大学的优秀博士论文集中整理,分类出版,让更多的读者获得分享。值此同济大学110 周年校庆之际,在学校的支持下,"同济博士论丛"得以顺利出版。

　　"同济博士论丛"的出版组织工作启动于 2016 年 9 月,计划在同济大学110 周年校庆之际出版 110 部同济大学的优秀博士论文。我们在数千篇博士论文中,聚焦于 2005—2016 年十多年间的优秀博士学位论文 430 余篇,经各院系征询,导师和博士积极响应并同意,遴选出近 170 篇,涵盖了同济的大部分学科:土木工程、城乡规划学(含建筑、风景园林)、海洋科学、交通运输工程、车辆工程、环境科学与工程、数学、材料工程、测绘科学与工程、机械工程、计算机科学与技术、医学、工程管理、哲学等。作为"同济博士论丛"出版工程的开端,在校庆之际首批集中出版 110 余部,其余也将陆续出版。

　　博士学位论文是反映博士研究生培养质量的重要方面。同济大学一直将立德树人作为根本任务,把培养高素质人才摆在首位,认真探索全面提高博士研究生质量的有效途径和机制。因此,"同济博士论丛"的出版集中展示同济大学博士研究生培养与科研成果,体现对同济大学学术文化的传承。

"同济博士论丛"作为重要的科研文献资源,系统、全面、具体地反映了同济大学各学科专业前沿领域的科研成果和发展状况。它的出版是扩大传播同济科研成果和学术影响力的重要途径。博士论文的研究对象中不少是"国家自然科学基金"等科研基金资助的项目,具有明确的创新性和学术性,具有极高的学术价值,对我国的经济、文化、社会发展具有一定的理论和实践指导意义。

"同济博士论丛"的出版,将会调动同济广大科研人员的积极性,促进多学科学术交流、加速人才的发掘和人才的成长,有助于提高同济在国内外的竞争力,为实现同济大学扎根中国大地,建设世界一流大学的目标愿景做好基础性工作。

虽然同济已经发展成为一所特色鲜明、具有国际影响力的综合性、研究型大学,但与世界一流大学之间仍然存在着一定差距。"同济博士论丛"所反映的学术水平需要不断提高,同时在很短的时间内编辑出版110余部著作,必然存在一些不足之处,恳请广大学者,特别是有关专家提出批评,为提高同济人才培养质量和同济的学科建设提供宝贵意见。

最后感谢研究生院、出版社以及各院系的协作与支持。希望"同济博士论丛"能持续出版,并借助新媒体以电子书、知识库等多种方式呈现,以期成为展现同济学术成果、服务社会的一个可持续的出版品牌。为继续扎根中国大地,培育卓越英才,建设世界一流大学服务。

伍 江

2017 年 5 月

前　言

极紫外和软 X 射线偏振测量开创了许多新的同步辐射实验方法,如:软 X 射线磁圆二色测量、软 X 射线元素分辨法拉第效应和克尔效应测量、自旋分辨的光电子和俄歇电子谱测量、磁畴显微镜、偏振散射测量以及软 X 射线偏振测量术等,这些方法为生物、医学、信息、材料、物理与化学等学科提供了强有力的研究工具.多层膜起偏器、检偏器和相移片是实现该波段偏振测量的关键元件.目前,美国、日本和欧洲已制成了可实用的多层膜偏振元件,并获得应用.我国对多层膜偏振元件一直缺乏系统研究,致使无法开展该波段的偏振测量研究.

极紫外和软 X 射线常规偏振光学元件是周期多层膜,本文探讨了其设计原理和方法,成功制备了 Cr/Sc,Cr/C,La/B$_4$C,Mo/Y,Mo/Si 反射式周期多层膜偏振元件和 Mo/Y,Mo/Si 透射式周期多层膜偏振元件,保证了北京同步辐射偏振测量装置在线调试和偏振测量,填补了我国在极紫外和软 X 射线波段偏振光学及其应用领域的空白.

针对极紫外和软 X 射线常规周期多层膜偏振元件带宽窄导致的测试困难的现状,本书首次提出了非周期多层膜宽带偏振光学元件的方法,克服了常规周期多层膜带宽窄、测试时元件需要平移或旋转的难题.

采用恰当初始膜系和局部优化算法相结合,将优化时间缩短至几十秒,大大提高了优化效率,完成了非周期多层膜宽带起偏器、检偏器和相移片设计.采用磁控溅射方法研制了非周期宽带偏振光学元件,实验中成功解决了薄膜沉积速率精确标定和非周期多层膜制作过程中膜厚的精确控制问题,制备了 13~19 nm 的 Mo/Si 与 8~13 nm 的 Mo/Y 反射式宽带多层膜起偏器(检偏器),和相应波段的宽角"起偏器"(检偏器)以及 Mo/Si 宽带相移片.

利用德国 BESSY 同步辐射的偏振装置实现了研制偏振元件的表征,测试主要结果为:Mo/Si 宽带多层膜在 15~17 nm,14~18 nm,13~19 nm 波段的平均反射率为 36.6%,21.1%,18.2%,偏振度都大于 98%.Mo/Y 宽带多层膜在 8.5~10.1 nm,9.1~11.7 nm 的平均反射率为 5.5%、6.1%,偏振度大于 96%.Mo/Si 宽带相移片在 13.8~15.5 nm 波段,位相差平均值为 41.7°,透射率从 6% 降至 2%.上述结果与设计值相符.通过拟合分析,得到了膜层的制备厚度以及粗糙度等参数.利用 Mo/Si 宽带反射式检偏器与宽带透射式相移片,首次完成了 BESSY 同步辐射 UE56/1 - PGM 光束线的宽带全偏振分析,在 12.7~15.5 nm 波段测试结果与光源理论特性一致.

目　录

总序

论丛前言

前言

第 1 章　绪论 ……………………………………………………………… 1

1.1　概述 …………………………………………………………………… 1

1.2　偏振光学元件的发展和研究现状 …………………………………… 2

1.3　极紫外和软 X 射线波段偏振光学元件应用 ……………………… 8

1.4　课题研究背景和研究内容 …………………………………………… 9

第 2 章　极紫外与软 X 射线多层膜偏振元件设计 ……………… 16

2.1　概述 …………………………………………………………………… 16

2.2　极紫外与软 X 射线周期多层膜偏振元件设计 …………………… 17

2.3　极紫外与软 X 射线非周期多层膜偏振元件设计 ………………… 25

　　2.3.1　宽带及宽角多层膜偏振光学元件膜系初始结构
　　　　　　推导 ……………………………………………………………… 25

2.3.2 极紫外与软 X 射线多层膜宽带偏振元件设计 …… 30

2.3.3 极紫外与软 X 射线多层膜宽角偏振元件设计 …… 38

2.3.4 极紫外与软 X 射线非周期透射多层膜偏振元件
设计 …………………………………………………… 44

2.4 本章小结 ……………………………………………… 47

第3章 极紫外与软 X 射线多层膜偏振元件制备与检测 …… 48

3.1 概述 …………………………………………………… 48

3.2 溅射原理及磁控溅射设备简介 ……………………… 49

3.3 X 射线衍射仪(XRD) …………………………………… 52

3.4 合肥国家同步辐射实验室(NSRL)反射率计 ………… 55

3.5 北京同步辐射装置(BSRF)偏振测量装置 …………… 56

3.6 德国柏林同步辐射实验室(BESSY)偏振测量装置 …… 57

3.7 其他检测方法 ………………………………………… 59

3.8 本章小结 ……………………………………………… 62

第4章 极紫外与软 X 射线多层膜偏振元件测试结果与分析 …… 63

4.1 概述 …………………………………………………… 63

4.2 XRD 小角衍射测试 …………………………………… 64

4.3 NSRL 反射率测试结果 ………………………………… 69

4.4 BSRF 偏振测试结果 …………………………………… 71

4.5 BESSY 偏振测试结果 ………………………………… 73

4.5.1 反射式周期多层膜偏振元件测试结果 ………… 73

4.5.2 透射式周期多层膜偏振元件测试结果 ………… 79

4.5.3 反射式 Mo/Si 非周期多层膜偏振元件测试结果
…………………………………………………… 81

4.5.4 反射式 Mo/Y 非周期多层膜偏振元件测试结果

·· 88

4.5.5 透射式 Mo/Si 非周期多层膜偏振元件测试结果

与分析 ································· 94

4.6 本章小结 ··· 103

第 5 章 总结 ·· 104

5.1 主要研究成果 ··· 104

5.2 主要创新点 ··· 105

5.3 需要进一步解决的问题 ······································· 106

参考文献 ·· 107

后记 ·· 114

第 *1* 章

绪　论

1.1　概　述

光的偏振是指光的振动方向不变(线偏振),或电矢量末端在垂直于传播方向平面上的轨迹呈椭圆(椭圆偏振)或圆(圆偏振)的现象.1704—1706 年,牛顿最早把偏振的概念引入光学.1809 年,马吕斯首先提出光的偏振,并在实验室发现了入射到偏振片上的线偏振光,及其透射光强度的变化规律(马吕斯定律).1815 年,布儒斯特发现自然光在电介质界面上反射和折射时,当入射角的正切等于媒质的相对折射率时,反射光线将为线偏振光(布儒斯特定律).1865—1873 年,麦克斯韦建立了光的电磁理论,从本质上说明光是横波,其振动方向和光的传播方向垂直.法拉第(1845 年)与科尔(1876 年)发现了磁性体和光相互作用而表现出的磁光效应,进一步验证了光的电磁波特性.

使用偏振光可以开展许多实验来研究材料的特性.为定量分析物理过程,需要起偏器、检偏器和相移片等偏振光学元件,这些元件还可以用来测量光源的偏振特性,实现线偏振光与圆偏振光之间的相互转换.从可见光到硬 X 射线波段,根据材料的光学特性,选择合适的材料作为偏振元件,开展了相应的偏振研究方法,如图 1-1 所示.

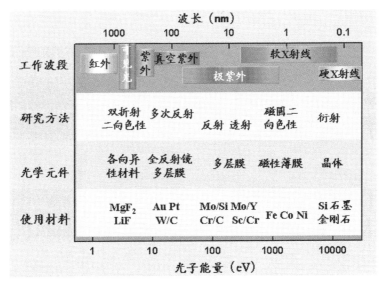

图 1-1　在不同波段,选择的偏振分析方法、光学元件及使用材料

1.2　偏振光学元件的发展和研究现状

在可见光(400~800 nm)和紫外光(190~400 nm)波段,可以用透射材料的二向色性和双折射特性制成起偏器、检偏器和相移片[1].二向色性为材料对偏振光的平行分量和垂直分量具有不同的吸收特性;双折射为各向异性的晶体对一束入射光产生折射率不同的两束光(o 光和 e 光)的现象.因此二向色性是由材料光学常数的虚部各向异性引起的,而双折射则体现了材料光学常数的实部的各向异性.利用双折射原理制成尼克尔棱镜和沃拉斯顿棱镜,工作原理如图 1-2所示,沃拉斯顿棱镜可以得到 o 光和 e 光,但是尼克尔棱镜只能得到e 光.

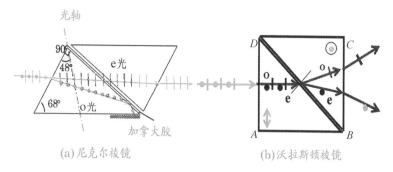

(a) 尼克尔棱镜　　　　　　　　(b) 沃拉斯顿棱镜

图 1-2　尼克尔棱镜和沃拉斯顿棱镜工作原理示意图

在真空紫外波段(40~190 nm),根据材料的吸收特性可以使用双折射和反射两种模式组成偏振元件. 在波长范围 130~190 nm 区间的真空紫外波段可以选择 MgF_2 和 LiF 等介质材料利用双折射性质制成起偏器或检偏器[2]. Kim 等人利用 MgF_2 和 Al 作为低吸收和高吸收材料对组成 MgF_2/Al/MgF_2 三层膜结构作为起偏器[3],在波长为 130.4 nm,入射角为 45°时,得到反射率为 $R_s = 92.74\%$,$R_p = 0.001\%$,偏振度 $P = (R_s - R_p)/(R_s + R_p) \approx 100\%$;此外,还利用这种三层膜结构作为相移片[4],在 121.6 nm,设计得到 $R_s = 81.05$,$R_p = 81.04$,位相差为 90.07°. Sternrnetz 等人[5]利用 MgF_2 双罗森棱镜制成起偏器,实现了该波段的偏振测试. Winter 等人[6]使用四块 MgF_2 晶片组成堆片在氢光谱中的莱曼-α线 (121.6 nm)得到透射率 20%,偏振度为 85%. McIlrath 和 Saito 等人使用 LiF 晶体[7]或单层金膜作为反射式起偏器,在置于布儒斯特角时可以获得全偏振光. 图 1-3 给出了金膜在 30~200 nm 范围内理论计算的偏振效率 R_s/R_p,反射率 R_s 和对应布儒斯特角随波长的关系曲线. 由于金膜在该波段有吸收,因此不存在 p 偏振光等于零的角度,此时偏振角定义为准布儒斯特角,在短波长时准布儒斯特角接近 45°,偏振效率低于 7.5.

在 40~110 nm 真空紫外波段,由于材料有吸收的存在,无法再利用双折射方法来制成偏振元件. Hunter[8]提出了真空紫外波段起偏器的设计准则:为获得较大偏振度,应使用折射率尽可能大的材料,如金和铂等.由于单层膜起偏器的偏振度低,同时在使用过程中会改变光路方向,为克服这些缺点,可以使用三次反射或四次反射起偏器组来代替单次反射起偏器.三次反射或四次反射起偏器工作原理如图 1-4 所示.

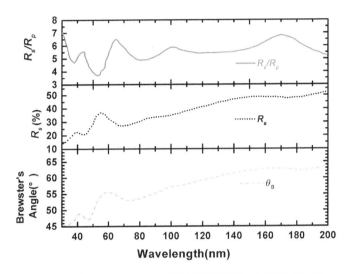

图 1-3 金从 30 ~200 nm 理论计算的偏振效率 R_s/R_p ,R_s
和对应工作的布儒斯特角随波长的关系曲线

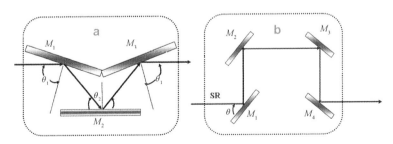

图 1-4 (a) 三镜和(b) 四镜三次反射或四次反射起偏器工作原理示意图

使用三镜起偏器时,需对两个镜子的角度 θ_1 ,θ_2 同时进行优化;四镜起偏器与三镜起偏器相比,虽然牺牲了光通量,但可以得到更高的偏振度.利用金单层膜组成反射式起偏器,采用三反模式进行起偏,通过调整这些镜子的入射角和优化膜层厚度可得到 95％ 的偏振度和近 15％ 的光通量. 此外,在优化膜层厚度时,也可以使用多种材料组成的亚四分之一波长多层膜[9]来获得较高的光通量和偏振度.

在硬 X 射线波段(<0.5 nm),可用硅、金刚石和石墨单晶在 45° 附近的布拉格反射制成起偏器和检偏器,同样条件下的透射也可以制成相移片[10]. 在硬 X 射线波段,通过检测圆偏振硬 X 射线的康普顿散射可以获得磁性材料的相关自旋动量信息,为充分诊断磁散射信息,需要有高通量的偏振 X 光源,同步辐射光源是目前唯一可以利用的光源,主要提供线偏振光,只有很少一部分为自然圆偏振光. 为产生圆偏振 X 射线光,必须使用四分之一相移片,常用的有两种透射式相移片:劳厄型和布拉格型. Lang 等人[11]使用晶体 Si(400) 作为布拉格透射相移片,产生 0.1～0.2 nm 的圆偏振 X 射线.

在极紫外(5～40 nm)和软 X 射线(0.5～5.0 nm)波段,任何材料的折射率都接近于 1,且小于 1,同时具有一定的吸收. 材料的光学常数可以用复折射率 $\tilde{n}(\omega) = n(\omega) - ik(\omega)$ 来描述,ω 是光的圆频率,光子能量 $\hbar\omega$ 与波长 λ(nm)之间的关系如公式(1-1)所示:

$$\lambda(\mathrm{nm}) = 1\,239.84/\hbar\omega(\mathrm{eV}) \qquad (1-1)$$

图 1-5 给出了 Mo,Si 的光学常数 $n(\omega)$ 和 $k(\omega)$ 随波长的变化关系. 在波长 0.01～10 nm 波段,Mo 和 Si 的折射率都近似为 1,吸收系数随着波长增大逐渐变大,对材料 Si 在波长 12.4 nm 有 L 吸收边,对 Mo 和 Si 在波长大于 20 nm 折射率 n 都有显著降低.

从材料 1 入射到材料 2 时的掠入射,s 分量的反射率 $R_s(\omega)$ 由菲涅耳方程描述:

$$R_s(\omega) = \left(\frac{\tilde{n}_1\cos\theta_1 - \tilde{n}_2\cos\theta_2}{\tilde{n}_1\cos\theta_1 + \tilde{n}_2\cos\theta_2} \right)^2 \qquad (1-2)$$

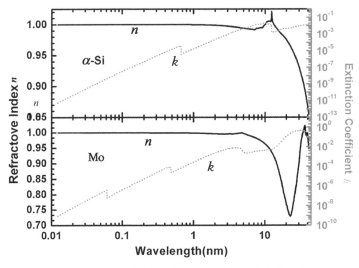

图 1-5 Mo,Si 的光学常数 n,k 随波长的变化曲线

由于所有材料的折射率在该波段都接近于 1,θ_1 与 θ_2 为在界面处的掠入射角,在布儒斯特角附近,θ_1 与 θ_2 接近 $45°$,此时单层膜反射率很低,无法采用单层膜组成的反射偏振元件.Spllier 首先[12]提出使用多层膜作为极紫外与软 X 射线波段起偏器,这个想法很快被 Gluskin[13]和 Dhez 等人[14]通过实验所证实.多层膜是由高低两种不同折射率的材料组成一种多层结构,利用从几个相位适当的界面产生的反射构成干涉,可以通过调整膜层厚度和增加膜层数来提高反射率.

Kortright[15]选择 Zr/Al,Mo/Si,Ru/C,Ru/B$_4$C 和 Cr/C 等材料对组成的多层膜作为极紫外和软 X 射线波段的起偏器和相移片,在理论上计算了多层膜的偏振性能.这些偏振元件不仅具有很高的光通量和偏振度,而且还可以产生相应的位相差,设计相移片的评价函数是透射率的平方根与相移正弦的乘积,由此得到的最佳入射角与波长和材料无关,基本上都在 $30°$ 附近.对于位相差 $\Delta=90°$ 的特殊情况,就可将极紫外和软 X 射线波段线偏振光完全转变为圆偏振光,或者将圆偏振光转变为线偏振光.

在 12.5~20 nm 波段,Mo/Si 多层膜是最好的材料组合. Mo/Si 多层膜反射率高,膜层稳定,可应用于极紫外光刻、等离子体诊断和天文观测等许多领域[16],很多小组对 Mo/Si 多层膜偏振元件进行了深入而细致的研究. Kjornrattanawanich 等人[17]在光电二极管上镀制了 Mo/B_4C/Si 多层膜,测试了其偏振特性. 为减小界面扩散,在 Mo/Si 多层膜间镀制了 0.4 nm 厚的 B_4C 间隔层. 在波长 15.5 nm 处,入射角为 45°,R_s 为 69.9%,R_p 为 2.4%,T_s 为 0.2%,T_p 为 8.4%,对应透射的偏振度为 95%,而反射偏振度为 99%. Yamamoto 等人[18]设计并制备了 12.8 nm 波长的透射多层膜作为四分之一和二分之一波带片. 从理论计算了多层膜的位相差与周期数的关系,当膜层数从 81 层增加到 161 时,多层膜的位相差由 90°提高到 180°. 使用磁控溅射方法制备自支撑的多层膜相移片,利用同步辐射光源进行测试分别得到 41°和 79°的位相差.

在 11~12 nm 波段,Mo/Be 多层膜在理论上具有很高的偏振性能和光通量[19],但是由于 Be 的毒性,限制了其广泛应用;在 8~12.5 nm 波段常使用 Mo/Sr[20],Mo/Y[21, 22]材料组合,Kjornrattanawanich 等人[23]在光电二极管上同样制备了 Mo/Y 多层膜. 起偏器的周期厚度 $d=6.0$ nm,厚度比率 $\Gamma=0.47$,周期数 $N=75$,入射角为 45°,入射波长为 8.25 nm,$R_s=29.37$%,$P=95$%;在波长 8.19 nm 时,$T_s=1.35$%,对应偏振度 $P=70$%,并通过拟合测试结果得到了 Y 的光学常数;在 6.5~8 nm 波段,可以使用 Mo/B_4C 和 La/B_4C 材料组合[24],德国材料研究所的 Michaelsen 等人制备了 La/B_4C 在 B 的 Kα 线 6.8 nm 处得到了 40%的 s 分量反射率.

在水窗波段[25](2.3~4.4 nm),可以使用 Ni/Sc,Ni/BN,Ni/V 和 Cr/Sc 多层膜作为反射式起偏器和透射式相移片[26],此外,W/C,Ni/V,W/Ti 和 Ni/Ti 多层膜起偏器[27, 28, 29]也有良好的偏振性能.

Fonzo 等人[30]在碳的 K 边和水窗波段设计多层膜透射式相移片,选择 Co/C 多层膜作为四分之一相移片,周期数为 160,总厚度为 0.5 μm,制备 100 周期的 Cr/C 多层膜获得最大的位相差 5 度.

在软 X 射线波段,有磁性金属材料 Fe,Co,Ni 的 $L_{2,3}$ 边和稀土元素的 $M_{4,5}$ 吸收边,在吸收边附近具有强烈磁圆二色性,即当一个线偏振光通过磁性薄膜后可以分解为一个左旋圆偏振光和一个右旋圆偏振光,通过改变磁场强度,可使磁性材料对软 X 射线左旋和右旋偏振光吸收不同.因此,可根据磁圆二色原理制成圆偏振片[31].用这样的圆偏振片可以将线偏振光转换成圆偏振光,实验证明铁薄膜就是很好的磁光效应圆偏振片.

1.3 极紫外和软 X 射线波段偏振光学元件应用

在极紫外和软 X 射线波段,利用同步辐射光源的偏振特性可以开展许多实验,如法拉第旋转角度测量[32]、磁光克尔效应研究[33]、磁畴成像等.为对实验进行定量分析,需要准确知道光源的偏振度.此外,在非正入射和非掠入射的光学元件的标定工作,也要考虑光源偏振特性的影响.因此,必须使用多层膜偏振元件或者基于磁圆二色原理制成的圆偏振片对光源的偏振特性进行表征.同时,多层膜相移片和圆偏振片可以代替昂贵的椭圆偏振谐荡器,从而实现线偏振光到圆偏振光的转换以及左旋与右旋圆偏振光之间的相互转换,极大地扩展了线偏振同步辐射光的应用范围.

在软 X 射线波段,存在磁性金属材料和稀土元素的 3d 吸收边,并且磁性材料中还含有的 B,C,O,N 的 1s 吸收限.在该波段进行偏振测量可以获得磁性材料的许多特性,这些实验对研究超快、大容量磁光存储器件具有重要意义. 用磁圆二色效应构成的圆偏振片和高分辨率软 X 射线扫描显微镜组成成像系统进行磁畴成像, 对磁性薄膜样品实现几十纳米空间分辨率的磁畴研究, 是一种新的研究磁性薄膜材料的方法. 磁圆二向色性和法拉第效应可用于圆偏振度的定量测量: 如利用生物组织对不同偏振光吸收特性的不同进行的 X 射线磁圆二色、X 射线磁线二色分析, 可实现对生物大分子结构的测定; 软 X 射线共振磁散射可用于磁光材料和反铁磁性材料传感器的分析; 依据单个自旋与多重散射分离的磁性扩展 X 射线吸收精细结构谱可分析纳米材料结构.

Haga 等人[34]使用 Mo/Si 透射式自支撑多层膜作为相移片和检偏器组成双透模式的软 X 射线椭偏仪, 用于测试绝缘体基片上超薄 Si 层的厚度. 对太阳的 Fe XVIII 谱线(9.4 nm)的偏振测试, 还可以得到太阳活动的一些信息. Grimmer 等人[35]在近 Co 和 Fe 的 $L_{2,3}$ 吸收边测试了 Co/C, FeCoV/Ti 透射多层膜. Kortright 等人[31]使用磁圆二向色性透过 Fe 膜在 Fe 的 L_3 边将线偏振软 X 射线转换成椭圆偏振.

综上所述, 选择不同的多层膜材料组合来制备偏振元件, 并与基于磁圆二色原理制成的圆偏振片相结合, 将偏振测量分析方法和各种磁光学测量扩展到极紫外和软 X 射线波段, 为获得纳米级分辨率提供了可能性, 这是其他波段偏振测量无法比拟的. 各种偏振测量必将对复杂材料认识的深化提供一种强有力的实验方法.

1.4 课题研究背景和研究内容

近十几年来, 极紫外和软 X 射线波段的偏振测量引起了信息、材料、生物和物理等许多学科的关注. 目前, 美国、欧洲和日本的科学家都在积极进行极紫外和软 X 射线偏振光学及其应用的研究, 已经制成起偏器、检偏器和相移片,这些偏振元件已在实际研究中得到应用,偏振分析的工作波段从极紫外波段逐渐扩展到软 X 射线波段.

自 20 世纪 80 年代以来,虽然国内建成了北京和合肥国家同步辐射实验室,但对同步辐射的偏振特性一直缺乏详细而系统的研究.并且在这两个国家实验室尚无用于产生专用可调偏振光的插入件——波荡器,同时国内也无用于偏振研究的多层膜型起偏器、检偏器和相移片.与国外相比,我国的极紫外和软 X 射线偏振光学及其应研究严重滞后.在极紫外和软 X 射线光学元件性能测量过程中,由于不知道光源的偏振特性,将会造成测试结果的很大偏差.极紫外和软 X 射线偏振光学元件研究的成功与否关系到该波段偏振测量是否可以实现,是在我国开展软 X 射线偏振测量的基础和前提.本书得到国家自然科学基金重点项目资助,我们同济大学通过与北京和合肥国家同步辐射实验室进行合作,开展了"同步辐射软 X 射线偏振测量基础技术研究",其中北京同步辐射实验室负责建立偏振装置,合肥同步辐射实验室负责磁性材料的偏振测试,我们负责多层膜反射式偏振元件和透射式偏振元件的设计与研制,为北京同步辐射偏振装置提供相应偏振元件.全面研究极紫外和软 X 射线偏振光学元件必将为我国开展该波段的偏振光学实验,测量同步辐射偏振特性及其在信息、电子、材料等学科中的应用提供一定的技术基础.

在极紫外与软 X 射线波段,许多偏振实验采用反射式周期多层膜起偏器(检偏器),来产生所需的偏振光(起偏器)或者测试光源的偏振特性(检偏器).传统的多层膜起偏器具有很高的偏振度和高光通量等优点,但是由于其带宽比较窄,对指定的波长只能在特定的角度使用.在磁圆二向色性、法拉第实验中,往往需要具有一定带宽的偏振光学元件来实现宽带偏振测试.此外,当光源为点源时,对偏振元件的入射角是一个范围,还需要偏振元件在一个很宽的角度范围内都有相同的偏振特性.宽角偏振元件的工作原理如图 1-6 所示.此时,可以利用一块偏振镜对

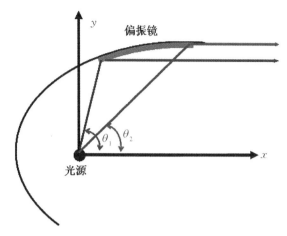

图 1‐6　宽角光学元件可以对较大角度范围内的光源进行准直示意图

不同角度的光进行准直或聚焦,这种光学元件通常要求是曲面的. 因此,宽带或宽角偏振元件会降低准直难度,简化装调过程. Bragg 公式可以表示为

$$2d\sin\theta_m = m\lambda \qquad (1-3)$$

式中,m 为反射级次;λ 为入射光波长;d 是多层膜的周期;θ_m 为掠入射角. 根据公式(1‐3)可知,由于入射光的波长与多层膜的周期厚度和入射角度相关,对于宽带多层膜偏振元件,在波长固定时,也具有宽角起偏特性. 因此为扩展起偏器的带宽范围,可以通过改变入射光的角度或者多层膜的周期厚度两种方法来实现.

如果通过改变角度来改变峰值波长,不仅会改变光束出射方向,还会降低元件的偏振特性和光通量. 1991 年 Yanagihara 等[36]人率先将同步辐射用的双晶 X 射线单色结构用于宽带偏振测试. 结构及工作原理如图 1‐7 所示,P_1 和 P_2 是两块完全相同的周期多层膜起偏器. 在工作过程中,如果波长改变时,根据起偏器的偏振性能,同时调整两块起偏器的角度,并进行水平移动,从而实现宽带偏振测试. 使用 Ru/C 双晶 X 射线单色仪型多层膜起偏器,s 偏振光的光通量在 12.4 nm 处达到 11.5%,在 8.3~15.5 nm 波长范围内高于 4%. 这种宽带起偏器对两块镜子的一致性要求高,如果镜子不一致或装调角度不一致,不仅会牺牲光通量和偏振度,还会改变光路方向. 此外,在使用过程中要不断调整起偏器的角度和位置,极大地增加了测试的难度.

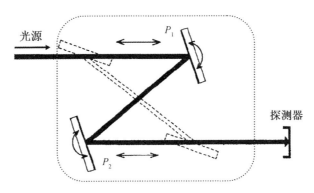

图 1-7 双晶 X 射线单色器型宽带起偏器结构及工作原理
示意图,P_1 和 P_2 是两块完全相同的起偏器

为改进这种宽带起偏器,1994 年 Kortright 等人[37]提出用梯度多层膜来代替周期多层膜,只利用一块起偏器就可以实现宽带偏振测试. 梯度多层膜的工作原理如图 1-8 所示. 根据公式(3-1),当 θ 不变,λ 变

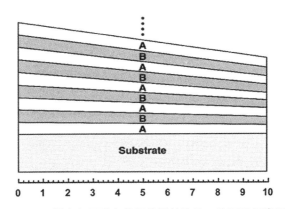

图 1-8 梯度多层膜宽带起偏器结构及工作原理示意图

大时,需要增加 d 值,梯度多层膜就是沿基片方向上,镀制一系列 d 不同的周期多层膜.因此对应不同位置,峰值反射率也不同.使用不同的梯度多层膜材料组合,沿基片方向改变多层膜的位置,实现从 1.6 nm 到 24.8 nm 的偏振宽带测试.

虽然可调梯度多层膜型比双晶 X 射线单色仪型宽带起偏器调节方便,但是梯度多层膜的制备需要加掩膜板,工艺要求高,而且在使用过程中还要不断调整多层膜的位置以适应不同波长需求.2004 年,Shokooh-Saremi 等人[38]在可见光波段使用基因算法实现了宽带偏振元件的设计,在 400~800 nm 得到了近 100% 的 R_s,并把 p 偏振光全部抑制.

周期性多层膜与非周期多层膜结构示意图如图 1-9 所示,对周期多层膜而言,每个周期的材料的厚度都一致为 d,而对非周期多层膜,每层膜的厚度 d_i 都是独立变化的,因此,可以通过不同厚度的非周期多层膜对不同波长光进行调整,最终可以实现宽带的目的.因此,如果能利用非周期多层膜来实现极紫外与软 X 射线宽带偏振的设计,不仅可以极大地方便实验操作,而且还可以提高偏振元件的偏振性能.

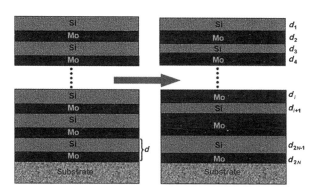

图 1-9 周期性多层膜与非周期多层膜结构示意图

但是,设计非周期多层膜宽带偏振元件有两个难点:其一是在极紫外和软 X 射线波段,对于所有的材料都有吸收,因此要想得到理想的膜系,需要几十甚至上百个周期才能达到饱和,必须选择合适的优化算法;

其二是每个膜层的厚度都不同,因此在制备过程中要选择合适的制备工艺,精确标定材料的溅射速率.

在极紫外与软 X 射线波段多层膜的优化设计过程中,对周期多层膜,只有两个层膜的厚度作为优化变量,利用局部优化算法就可以实现.对于非周期性多层膜,每个膜层的厚度都是一个独立变量,构成的评价函数就是一个多维函数.如果使用随机搜索、基因、遗传等全局优化算法,虽然有时可以得到理想的设计结果,但是由于计算量庞大,一般计算机无法承受.对于单纯形局部优化算法,如果选择的初始膜系不合理,在优化过程中有可能落入局部极小值而得不到理想的优化结果[39].

在多层膜优化设计过程中,还有一种方法是利用经验公式推导出膜系厚度初值,然后利用局部优化算法进行优化,既可以得到理想的优化结果,又可以大大节省优化设计时间. Kozhevnikov 博士[40, 41]在硬 X射线超反射镜的设计过程中,运用解析和数值相方法相结合,设计出了完美的超反射镜曲线.一个典型的例子如图 1‐10 所示,利用该方法设计的硬 X 射线多层膜反射率曲线与泰姬陵的轮廓图一致,更说明了该方法的可行性.

在掠入射时,两种偏振光的 s 分量与 p 分量基本一致,因此Kozhevnikov 在掠入射超反射镜的设计过程中,并没有考虑偏振的影响,同时在设计过程中也要考虑材料光学常数对初始膜系的影响.本书通过对上述的运用解析和数值相结合的方法进行了修正推导,得到了极紫外与软 X 射线宽带偏振元件的初始膜系,然后利用 Leverberg-Marquart局部优化方法进行优化,得到了高偏振度和高光通量的非周期宽带多层膜偏振光学元件.

在国家自然科学基金资助项目和上海市科技攻关项目的共同资助下,我们对非周期宽带偏振元件进行了系统和深入的研究.根据实验室的科研条件,我们采用磁控溅射方法来制备宽带(宽角)偏振元件,使用

(a)

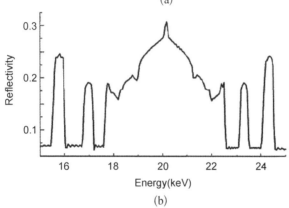

(b)

图 1-10 利用分析数值方法设计的多层膜反射率
曲线与泰姬陵的轮廓图

X 射线小角衍射法精确标定材料的溅射速率;利用合肥国家同步辐射实验室反射率计测试了这些元件的反射特性,通过北京同步辐射偏振测量装置初步表征元件的偏振特性;通过与英国国王学院的合作,利用德国柏林 BESSY 同步辐射实验室的偏振计对这些元件的偏振性能进行测试,测试结果与理论设计相符合,首次研制成功了极紫外与软 X 射线非周期多层膜宽带(宽角)偏振元件. 利用制备的宽带偏振元件对 BESSY 同步辐射实验室的 UE56/1-PGM 光束线的偏振特性进行测试,测试结果与光源偏振参数相吻合.

第2章

极紫外与软 X 射线多层膜偏振元件设计

2.1 概　述

多层膜可有效地增加非掠入射条件下的反射率,是极紫外和软 X 射线波段重要的光学元件. 多层膜偏振元件按功能可分为起偏器、检偏器和相移片;按工作方式可分为反射式和透射式;按带宽大小可分为窄带和宽带偏振元件. 在约 $45°$ 入射角时,多层膜对 s 偏振和 p 偏振光的反射率相差有几个数量级,可制成起偏器和检偏器[42]. 透射式多层膜能实现 s 偏振光和 p 偏振光间的相位差,可构成相移片[43]. 要全面测量光源与材料的偏振特性,需要先用相移片将入射光引入一定的相移,再用检偏器检验光偏振特性的变化[44]. 由于反射式多层膜具有较高的偏振度,一般用作全偏振分析中的检偏器,相移片可由反射式或透射式多层膜组成,虽然透射元件具有不改变光路方向的优点,但其制作困难和效率低下限制了它的广泛使用.

周期多层膜偏振元件虽然具有很高的偏振度和光通量,但其波长带宽范围在 $0.1\sim1.5$ nm 区间. 在许多偏振分析实验中还对带宽提出了要求,因此需要设计新型的宽带偏振元件. 本书采用非周期多层膜结构,选择合适的材料组合、通过分析数值方法与优化算法相结合进行优化设计,得到在极紫外和软 X 射线波段非周期多层膜宽带(宽角)偏振元件.此外,还将对初始膜系推导、入射角度、目标参数、粗糙度等因素的影响进行综合分析.

2.2　极紫外与软 X 射线周期多层膜偏振元件设计

极紫外与软 X 射线多层膜的理论基础主要有两个方面,即衍射动力学理论和基于 Fresnel 公式的光学多层膜理论[45].衍射动力学理论类似于处理 X 射线在天然晶体中的 Bragg 衍射,基于 Fresnel 公式的光学多层膜理论是把软 X 射线光学看作是可见、紫外光学的一种推广.本文采用后一种方法来讨论多层膜的偏振特性.极紫外与软 X 射线多层膜偏振光学元件是利用多层膜对 s 偏振和 p 偏振光的不同反射(或透射)率来实现的.在理论设计过程中,需要求出多层膜每个界面的反射率和透过率,然后采用迭代法求出多层膜的反射率和透过率.

图 2-1 为一个理想的多层膜结构示意图,λ 为入射光的波长;$R_j(T_j)$ 为界面反(透)射率;d_j 为第 j 层膜的厚度.

软 X 射线多层膜系的反射特性的计算是以 Fresnel 公式为出发点.软 X 射线平行光束从真空中以入射角 θ 入射到多层膜表面.每一界面的 Fresnel 反射系数,透射系数和位相差分别为

$$r_j' = \frac{\tilde{n}_{j-1}\cos\theta_{j-1} - \tilde{n}_j\cos\theta_j}{\tilde{n}_{j-1}\cos\theta_{j-1} + \tilde{n}_j\cos\theta_j}(s\,偏振) \tag{2-1}$$

$$t_j' = \frac{2\tilde{n}_j\cos\theta_j}{\tilde{n}_j\cos\theta_j + \tilde{n}_{j-1}\cos\theta_{j-1}}(s\,偏振) \tag{2-2}$$

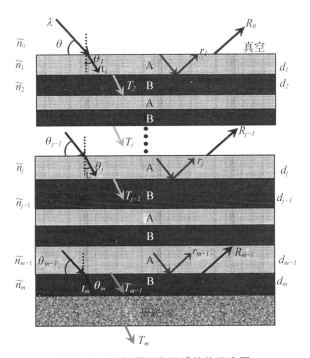

图 2‑1　理想界面多层膜结构示意图

$$r_j' = \frac{\tilde{n}_j \cos\theta_{j-1} - \tilde{n}_{j-1} \cos\theta_j}{\tilde{n}_j \cos\theta_{j-1} + \tilde{n}_{j-1} \cos\theta_j}（p\ 偏振）\qquad(2-3)$$

$$t_j' = \frac{2\tilde{n}_j \cos\theta_j}{\tilde{n}_j \cos\theta_{j-1} + \tilde{n}_{j-1} \cos\theta_j}（p\ 偏振）\qquad(2-4)$$

$$\delta_j = 2\pi\tilde{n}_j d_j \cos\theta_j / \lambda \qquad(2-5)$$

从 $j=1$ 开始,直到 $j=m$ 进行迭代计算,得到 m 层多层膜系统的振幅反射率 $R_m'^{(s,\ p)}$ 和透射率 $T_m'^{(s,\ p)}$,以及对应的多层膜系统的反射率 $R^{(s,\ p)}$ 和透射率 $T^{(s,\ p)}$.

$$R^{(s,\ p)} = R_m'^{(s,\ p)} \cdot R_m'^{(s,\ p)*} \qquad(2-6)$$

$$T^{(s,\ p)} = T_m'^{(s,\ p)} \cdot T_m'^{(s,\ p)*} \qquad(2-7)$$

对应反射和透射方向的位相为

$$\delta^{(s,\,p)} = \frac{R'^{(s,\,p)*}_m - R'^{(s,\,p)}_m}{R'^{(s,\,p)}_m + R'^{(s,\,p)*}_m} \times i \qquad (2-8)$$

$$\delta^{(s,\,p)} = \frac{T'^{(s,\,p)*}_m - T'^{(s,\,p)}_m}{T'^{(s,\,p)}_m + T'^{(s,\,p)*}_m} \times i \qquad (2-9)$$

式中,s 和 p 分别代表 s 偏振和 p 偏振方向;R 和 T 分别代表反射和透射. 通过公式(2-8)和式(2-9)可以计算多层膜相应反射和透射的位相差.

$$\Delta^{R,\,T} = \delta^{R,\,T}_s - \delta^{R,\,T}_p \qquad (2-10)$$

在利用 Fresnel 公式对多层膜结构进行设计和计算时,通常都假定多层膜结构是理想的,即材料纯净,膜层均匀、各向同性、界面层分明、连续、平滑. 而实际制备出多层膜样品膜系结构中存在着许多缺陷,例如材料不纯所带来的杂质干扰、膜层厚度不均匀、各向同性程度差、表界面不分明、存在界面起伏和界面混合层,以及界面不连续.

要准确地估计极紫外与软 X 射线多层膜偏振元件的光学特性,就需要对实际多层膜结构的界面有正确地描述,并对非理想多层膜偏振理论有一个综合、全面的理解. 通常可以将界面分为如下三种情况[46]:① 为理想界面;② 为纯粗糙界面;③ 为纯扩散界面. 由于实际制备的多层膜结构是不理想的,导致制备出的光学元件的性能和理论设计值相差较大. 为了考虑多层膜表界面粗糙度和互相扩散的影响,Stearns 建立了一种非均匀界面的散射理论来讨论软 X 射线多层膜表面的散射[47,48]. 在偏振理论计算时,引入 Debye-Waller 因子[49]来描述界面粗糙度和扩散,即

$$DW_j = \exp\left[-2\left(\frac{2\pi\sigma_j\widetilde{n}_j\cos\theta_j}{\lambda}\right)^2\right] \qquad (2-11)$$

式中,σ_j 为材料的表界面粗糙度;$\tilde{n}$ 为材料的复折射率;θ 为正入射角;λ 为入射光的波长. 在计算非理想表界面时,只需将修正公式 $r_j = DW_j r_j$ 代入上述理想表界面情况的公式计算即可.

除在正入射和掠入射条件下,多层膜 s 偏振和 p 偏振反射率都不相同,要得到最佳的偏振性能,必须使偏振度达到最大. 偏振度 P 定义为 $P=(R_s-R_p)/(R_s+R_p)$,在 P 为最大值的同时也能保证 R_s 也具有较大值,定义偏振效率为 R_s/R_p,这样表征比较直观,要和光通量 R_s 一起来表征多层膜偏振特性[50].

图 2-2 给出了波长为 13.9 nm,Mo/Si 多层膜 s 偏振和 p 偏振最大反射率随入射角的变化曲线,p 偏振光的反射率在 42.4°时有极小值,这个角度定义为准布儒斯特角,此时 R_s/R_p 值最大,同时 R_s 值达 70% 以上,这样的偏振元件是满足实验要求的. 在接近正入射情况下 R_s/R_p 为 1,在掠入射情况下,R_s/R_p 值也逐渐减小. 在入射角大于 70°时,进入 Mo 膜的全反射区域,因此图中没有给出这一区域的值.

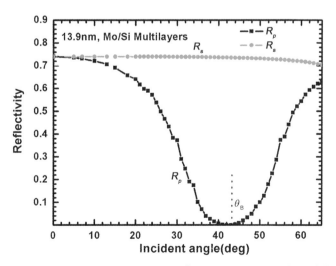

图 2-2　13.9 nm 处不同 Mo/Si 多层膜最大 R_s 和 R_p 随入射角的变化

图 2-3 是波长固定为 13.9 nm、周期稍有不同的 Mo/Si 多层膜 R_s、R_p 和 R_s/R_p 随入射角的变化. $d=10.1$ nm 多层膜的反射角正好与准布儒斯特角匹配, R_s 和 R_s/R_p 都达到较大值. $d=10.5$ nm 多层膜的反射角与准布儒斯特角不匹配. 此时, R_p 不再被完全压低, R_s 和 R_s/R_p 不同时达到最大. 这表明每一多层膜偏振光学元件只能用在某一特定的波长处才能达到最佳偏振性能.

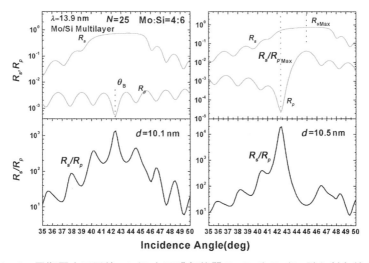

图 2-3　周期厚度不同的 Mo/Si 多层膜起偏器 R_s, R_p 和 R_s/R_p 随入射角的变化

软 X 射线多层膜是利用干涉原理工作的, 设计过程中对组成多层膜的两种材料有一定的要求. 偏振用多层膜的选材标准与高反射多层膜的一致[51], 主要为: ① 两种材料的折射率差尽可能大; ② 两种材料的吸收尽可能小; ③ 两种材料可形成光滑稳定的界面; ④ 两种材料不发生相互反应和扩散; ⑤ 价格便宜无毒性. 其中前两条是光学上的要求, 中间两条是对材料物理化学性质要求, 最后一条是价格和人体安全考虑. 经过这样考虑, 可在整个软 X 射线能区找到尽可能满足要求的多层膜材料组合.

根据以上选材原则和实际制作条件, 在极紫外和软 X 射线波段选

择了不同的多层膜材料组合,在 35～50 nm 波段选择 Sc/Si;在 12.5～
25 nm 波段选择 Mo/Si;在 8～12 nm 波段选择 Mo/Y;在 6.6～8 nm 波
段选择 La/B_4C;4.4～6.4 nm 波段选择 Cr/C、Fe/C;水窗波段内选择
Ni/Ti,Ni/V,Cr/Sc.

在优化过程中,选择四分之一膜堆作为软 X 射线多层膜设计的初
始条件.而最佳厚度的确定通过单纯形局部优化算法进行优化设计[52],
设计时评价函数选择 R_s 最大,先在布儒斯特角附近进行角度优化,然后
在这个角度区间搜索 R_s/R_p 最大的角度值,这个角就定义为准布儒斯
特角.图 2-4 是理论计算得到的多种材料组合偏振元件的偏振特性,假
设多层膜为理想界面,不同波段有不同的材料组合,在不同吸收边处达
到最大,随着波长的减小,多层膜偏振度逐渐增大.虽然理论计算得到的
R_s/R_p 很高,但由于多层膜膜层间存在粗糙和扩散,同时实际测量过程
中有一定的角度和能量宽度,因此实际的 R_s/R_p 相比理论值有一定
减小.

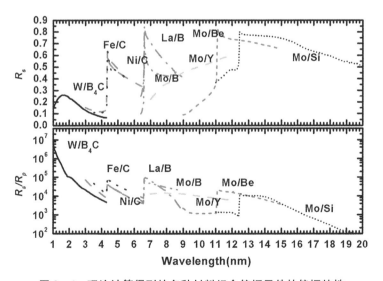

图 2-4　理论计算得到的多种材料组合偏振元件的偏振特性

由于反射式多层膜偏振光学元件在使用时会改变光路方向,有时需要使用透射式多层膜偏振元件. 如上所述,当在某一点,多层膜的布拉格反射角与准布儒斯特角重合时,多层膜对入射 s 偏振的光有极强的反射,而对 p 偏振的光几乎没有反射. 透射光主要由 p 偏振光组成,这表明在透射方式使用时,多层膜也是一种起偏器或检偏器. 多层膜的周期数越少,T_p 的光通量越大,T_s 不能得到很好的抑制,偏振度 T_p/T_s 较低. 反之,当增加周期数时,虽然可以较好地抑制 T_s,但是也牺牲了光通量 T_p. 因此在设计时要选择合适的周期数 N,我们提出用新的评价函数 $T_p \times \log(T_p/T_s)$ 来代替 T_p,这样可以优化得到既满足光通量又满足偏振度的周期数[53].

图 2-5 是设计的 Mo/Si 周期多层膜的透射率曲线 T_s,T_p 以及 T_p/T_s 曲线. 由图可看出,在布儒斯特角 42.4°附近,T_s 具有极小值,透射式多层膜检偏器的光通量 T_p 为 20%,在准布儒斯特角处仍有较大的偏振度. 关于反射式偏振多层膜的讨论都可以用到这种透射偏振元件上. 由于制备自支撑透射多层膜的工艺比较复杂,有时可以把透射多层

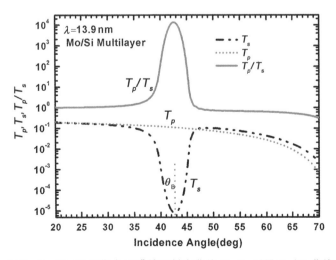

图 2-5　Mo/Si 周期多层膜的透射率曲线 T_s,T_p 以及 T_p/T_s 曲线

膜光学元件镀制在 100 nm 厚 Si_3N_4 衬底上,这样会进一步降低光通量和偏振度.

当一束线偏振光入射到透射式多层膜上时,在接近干涉峰值最大的布拉格角度时,s 偏振的光在多层膜结构内表现出很大的驻波调制从而产生强的反射,而 p 偏振则几乎没有这种驻波调制,因此反射率很低.不同的驻波将使物质内电子加速到不同的振幅,产生不同的传播速度,最终导致 s 偏振和 p 偏振光之间存在一定的相位差.因此,可以使用透射式多层膜作为相移片.图 2-6 给出了自支撑 Mo/Si 多层膜在 45°入射时,s 偏振与 p 偏振光之间的相位差以及透射率随入射光波长的变化.在波长 13.9 nm 处,位相差 $\Delta = 90°$,两偏振光的强度相等,这时就可将线偏振光完全转变为圆偏振光,或者将圆偏振光转变为线偏振光.

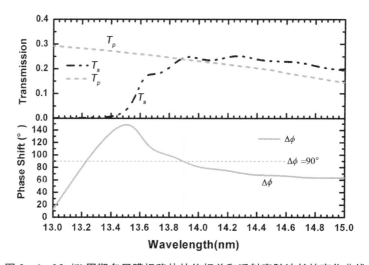

图 2-6   Mo/Si 周期多层膜相移片的位相差和透射率随波长的变化曲线

在入射角大于布拉格角时,驻波场的波幅位于多层膜的间隔层材料中,当入射角小于布拉格角时,驻波场的波幅位于多层膜的吸收层材料中.这样,在入射角大于布拉格角时,s 偏振的光落后于 p 偏振光;在入射角小于布拉格角时,s 偏振的光超前于 p 偏振光.随着波长的减小,透

射多层膜 s 偏振和 p 偏振光的相位差急剧地减小,这主要是由于多层膜膜层的不完整性减少了散射作用,并且随着波长的减小不同材料间光学常数差别减小.

　　用于偏振测量时,多层膜相移片只有几度的相移就够了.调节入射角可以实现不同波长下的相移,但能调节范围很小,在设计相移片的过程中,给出的评价函数是透射率的平方根与相移正弦的乘积[54].利用这种评价函数得到的最佳入射角与软 X 射线能量和材料无关,基本上都在 30° 附近.为使相移片获得更大的位相差,Kim 等人[55]给出一种评价方法,即通过判断 $[\beta_1/(1-\delta_1) - \beta_2/(1-\delta_2)]$ 的值,该值最大的材料组合最好.得到的最佳材料组合与高反射镜的材料组合有一定差别,例如在 13 nm 处,采用 Rh/Si 和 Ru/Si 组合都比 Mo/Si 组合好.目前人们已经制作完成的透射多层膜相移片主要有 Mo/Si,Cr/C,Cr/Sc,Ni/Ti 等,其中 Cr/Sc 多层膜既可用在 Sc 的吸收边,又可用在 Cr 的吸收边.

2.3　极紫外与软 X 射线非周期 多层膜偏振元件设计

2.3.1　宽带及宽角多层膜偏振光学元件膜系初始结构推导

　　在进行初值公式推导前,先定义一些基本参量和公式[56].
　　光学常数定义为

$$\widetilde{n} = n + \mathrm{i}\beta = 1 - \delta + \mathrm{i}\beta \qquad (2-12)$$

其中,

$$\varepsilon_{1,2}(\lambda) = \widetilde{n}_{1,2}^2(\lambda) \qquad (2-13)$$

是吸收层和间隔层介电常数,介电常数与光学常数均是波长的函数.

$$\mu = \Gamma\varepsilon_1 + (1-\Gamma)\varepsilon_2 \qquad (2-14)$$

式中,μ 是多层膜的平均介电常数;Γ 为吸收层与多层膜周期厚度的比值.

$$B_n = 2(\varepsilon_1 - \varepsilon_2)\frac{\sin(\pi n \Gamma)}{\pi n} \qquad (2-15)$$

是傅里叶级数的系数.

$$\kappa = \kappa_1 + \mathrm{i}\kappa_2 = k\,(\mu - \cos^2\theta)^{1/2} \qquad (2-16)$$

式中,k 是入射电磁波在真空中的波矢;θ 是掠入射角.定义单调函数

$$y(z) = \int_0^z q(z')\mathrm{d}z',\ q(z) > 0 \qquad (2-17)$$

作为计算目标膜层厚度的初始点,式中 z 代表多层膜膜堆内的深度.如图 2-7 所示.根据这个函数,对传统的周期多层膜得到的最大反射率与入射角度是没有关系的.

多层膜的反射率定义为 s 分量的反射率 R_s 与 p 分量的反射率 R_p 的算术平均值.

$$R = \frac{R_s + R_p}{2} \qquad (2-18)$$

在布儒斯特角附近 R_p 接近于 0,因此由式(2-18)可以得 $R=R_s/2$,由于在文献推导过程中没有考虑偏振的影响,所有的计算都是按照 s 分量计算的,因此下面公式对计算 s 偏振在布儒斯特角附近的反射率仍然成立:

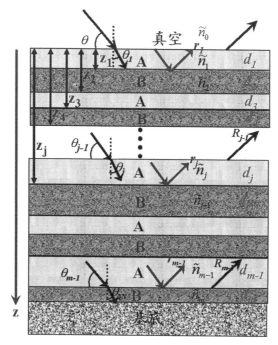

图 2-7　宽带多层膜起偏器初始膜系示意图

$$R_s(\lambda) = \left| \frac{2\eta(\lambda)\sqrt{|q'(z)|}}{\eta^2(\lambda) + |q'(z)|} \right|^2 \exp(-4\kappa_2(\lambda)z) \qquad (2-19)$$

式(2-19)中

$$\eta(\lambda) \equiv \frac{k^2 B_1(\lambda)}{8\kappa} \equiv \frac{\pi}{4\lambda} \frac{B_1(\lambda)}{\sqrt{\mu(\lambda) - \cos^2\theta}}$$

$$= \frac{(\varepsilon_1(\lambda) - \varepsilon_2(\lambda))\sin(\pi\Gamma)}{2\lambda\sqrt{\Gamma\varepsilon_1(\lambda) + (1-\Gamma)\varepsilon_2(\lambda) - \cos^2\theta}} \qquad (2-20)$$

$B_1(\lambda)$ 要修正为 $B_1(\lambda)\cos\theta$，所以公式(2-20)变形为

$$\eta(\lambda) = \frac{(\varepsilon_1(\lambda) - \varepsilon_2(\lambda))\sin(\pi\Gamma)\cos\theta}{2\lambda\sqrt{\Gamma\varepsilon_1(\lambda) + (1-\Gamma)\varepsilon_2(\lambda) - \cos^2\theta}} \qquad (2-21)$$

这里

$$\kappa_2 = \mathrm{Im}(\kappa) = \mathrm{Im}(k(\mu - \cos^2\theta)\,1/2)$$

$$= \mathrm{Im}(k\sqrt{\varGamma\varepsilon_1(\lambda) + (1-\varGamma)\varepsilon_2(\lambda) - \cos^2\theta}\,) \qquad (2-22)$$

是对应材料波矢的虚部. 在下面的推导中, 所有的公式都是关于波长 λ 的函数

$$\frac{\mathrm{d}y}{\mathrm{d}z}(z) \equiv q(z) = \frac{\kappa_1(\lambda)}{\pi} \qquad (2-23)$$

$\kappa_1(\lambda)$ 是在材料中波矢的实部.

$$\kappa_1 = \mathrm{Re}(\kappa) = \mathrm{Re}(k(\mu - \cos^2\theta)\,1/2)$$

$$= \mathrm{Re}(k\sqrt{\varGamma\varepsilon_1(\lambda) + (1-\varGamma)\varepsilon_2(\lambda) - \cos^2\theta}\,) \qquad (2-24)$$

方程(2-24)只有在下面公式成立时才正确

$$|q'(z)| > \eta^2(\lambda) \qquad (2-25)$$

在公式(2-25)成立的前提下, 方程(2-21)的逆运算可以得到近似表达式:

$$|q'(z)| = \eta^2(\lambda)\frac{2 - \tau + 2\sqrt{1-\tau}}{\tau} \qquad (2-26)$$

$$\tau = \frac{R_s(\lambda)\exp(4\kappa_2(\lambda)z)}{2} \qquad (2-27)$$

τ 代表厚度为 z 的膜堆的反射率. 在推导这个方程时, 忽略了方程 $\eta(\lambda)$ 的虚部.

通过方程(2-23)和方程(2-26)可以建立入射光波长 λ 与深度 z 之

间的关系. 使用离散变量 $\{z_j\}$ 和 $\{\lambda_j\}$,$(j = 0,1,2 \cdots)$ 来表示,因此可以通过迭代运算,得到宽带起偏器的膜层厚度初值表达式,如式(2 - 28)所示:

$$z_{2j+2} \cong z_{2j} + \frac{\pi}{\kappa_1(\lambda_{2j})}$$

$$z_{2j+1} = z_{2j} + \Gamma(z_{2j+2} - z_{2j})$$

$$\lambda_{2j+2} \cong \lambda_{2j} \pm 2\pi^2 |q'(z_{2j}, \lambda_{2j})| \left| \frac{d\kappa_1^2}{d\lambda}(\lambda_{2j}) \right|^{-1} \qquad (2 - 28)$$

这里 q' 由方程(2 - 26)和(2 - 27)来决定,同时有

$$
\begin{aligned}
\frac{d\kappa_1^2}{d\lambda} &= -\frac{8\pi^2}{\lambda^3}(\mu_1 - \cos^2\theta) + \frac{4\pi^2}{\lambda^2}\left[\frac{d\mu_1}{d\lambda}\right] \\
&= -\frac{8\pi^2}{\lambda^3}(\mu_1 - \cos^2\theta) + \frac{4\pi^2}{\lambda^2}(-2\lambda\gamma) \\
&= -\frac{8\pi^2}{\lambda^3}(\mu_1 - \cos^2\theta) + \frac{4\pi^2}{\lambda^2}\left[\frac{1-\mu_1}{\lambda}\right] \\
&= -\frac{8\pi^2}{\lambda^3}\sin^2\theta \qquad (2 - 29)
\end{aligned}
$$

同理,对于宽角多层膜起偏器的膜层厚度初值表达式,只需把方程(2 - 28)中的波长替换成角度,可得

$$z_{2j+2} \cong z_{2j} + \frac{\pi}{\kappa_1(\theta_{2j})}$$

$$z_{2j+1} = z_{2j} + \Gamma(z_{2j+2} - z_{2j}) \qquad (2 - 30)$$

$$\chi_{2j+2} \cong \chi_{2j} \pm \frac{\lambda^2}{2} |q'(z_{2j}, \chi_{2j})|$$

这里由于 κ_2 远远小于 κ_1,所以忽略 κ_2.

2.3.2　极紫外与软 X 射线多层膜宽带偏振元件设计

多层膜反射镜 s 分量反射率 R_s 与 p 分量反射率 R_p 在准布儒斯特角处有较大的抑制比,定义偏振度 P 为

$$P = \frac{R_s - R_p}{R_s + R_p} \qquad (2\text{-}31)$$

在优化过程中,为保证偏振度 P 与光通量 R_s 都有极大值,定义优化过程的评价函数 MF 为

$$MF = \frac{1}{m}\sum_{j=1}^{m}\left[(R_0(\lambda_j) - R_s(\lambda_j))^2 + \gamma \times \left(1 - \frac{R_s(\lambda_j) - R_p(\lambda_j)}{R_s(\lambda_j) + R_p(\lambda_j)}\right)^2\right]$$

$$(2\text{-}32)$$

式中,$R_0(\lambda_j)$ 是波长 λ_j 处的目标 s 分量反射率;m 为优化过程中所取的波长个数;γ 为调整系数. 如果要满足偏振度最大,γ 取值较大,如果要满足 R_s 为常数,γ 取值为零. 如果在入射角选择合适的情况下,一般在得到 R_s 较大的同时,都可以得到较大的偏振度,在本书的优化过程中,一般取 $\gamma = 0$,如果 $R_0(\lambda_j)$ 取常数,在优化过程中就可以得到平直的 R_s 反射率曲线. 在优化过程中,膜层的厚度为优化变量. 利用 Fortran 语言进行编程,以 Mo/Si 多层膜为例进行优化设计.

定义入射角为 $40°$,根据公式(2-28)得到了 Mo/Si 多层膜的初始膜系,Mo 膜和 Si 膜的初始厚度分布如图 2-8 所示. 在得到初始膜系后,就可以使用局部优化算法进行优化设计,本书采用 Leverberg-Marquart 算法进行优化. 由于初始值比较接近优化的终值,因此在优化过程中不仅可以避免陷入局部极小值,而且优化速度非常快. 使用赛扬 CPU,2.54 GHz 主频的计算机进行优化设计,在几分钟的时间内就可以得到目标结果. 优化得到的多层膜反射率 R_s,R_p 与利用初值计算的

反射率如图 2-9 所示,优化得到的膜层厚度如图 2-8 所示.

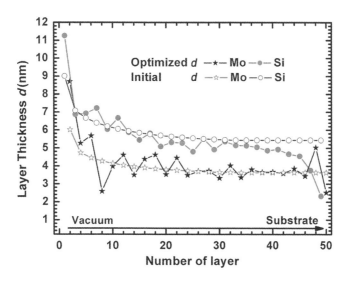

图 2-8　Mo/Si 多层膜的 Mo 膜和 Si 膜初始和优化厚度
关于膜层数的分布曲线

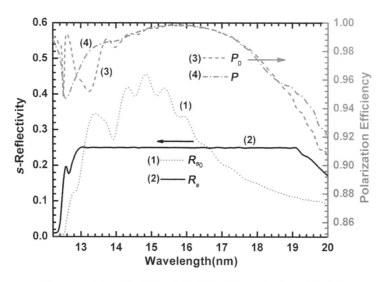

图 2-9　由初始膜系计算和优化得到的 Mo/Si 多层膜起偏器
反射率及偏振度关于波长的关系曲线

虽然利用递推公式可以得到膜层数,但是有时用这个膜层数目不能达到饱和的膜层结构,因此可以采用复制最上层多层膜厚度的办法来人为增加初值的周期数,如图 2-8 所示,在膜层数从 1 到 20 时,膜层的厚度梯度递减,从 20 到 50 层,是周期多层膜结构,主要是由于人为复制的结果.优化的多层膜厚度在初始值附近振荡,最小的膜层厚度为 1 nm,最大厚度为 11.2 nm,厚度分布符合磁控溅射方法的制备要求.在优化过程中,如果不限制多层膜的厚度范围,得到的个别膜层厚度会非常小,当厚度接近 0 时,则把该层厚度设为 0,如果大于 0.5 nm 小于 1 nm 时,把该层厚度设为 1 nm.这种人为修改一般不会影响多层膜的反射率曲线,得到这样的膜系结构有利于多层膜的制备.另外一种办法是在优化时设置多层膜厚度范围,但是有时会陷入局部极小值,得不到目标曲线.

在波长 13 nm 到 19 nm 范围内,Mo/Si 是非常合适的材料组合,多层膜优化时目标 R_s 值为 0.25,所用膜层的周期数为 40.如图 2-9 所示,利用数值分析方法,由初始膜系直接得到的 R_{s_0}(曲线 1)已经具有宽带特性,只是与目标带宽还有差距.在 13~19 nm 范围内优化 R_s(曲线2)反射率达到 0.25,同时 R_s 反射率曲线在该波段为平直的,对应偏振度(曲线 4)大于 0.95,达到了设计的要求.

为说明非周期多层膜的宽带特性,将优化结构与传统的周期多层膜起偏器进行比较.图 2-10 为利用非周期多层膜优化设计的宽带起偏器的带宽为 6.0 nm,对应反射率为 $R_s=25\%$(曲线 3),而传统的周期性多层膜虽然最高反射率可达 $R_s=65\%$(曲线 1),但对应带宽仅为 1.4 nm,两种多层膜起偏器对应 p 分量的反射率 R_p 都很低.虽然非周期多层膜峰值反射率比周期多层膜的峰值反射率低,但是带宽提高了近 4 倍,同时得到 s 分量反射率曲线非常平直.

在优化过程中,为同时满足偏振度和光通量的要求,角度的选择非常重要.在极紫外与软 X 射线波段,由于材料的折射率接近 1,所以布儒

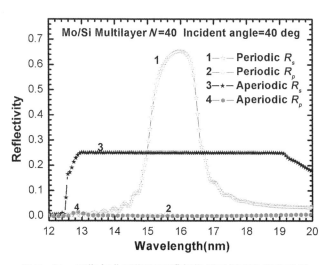

图 2 - 10　周期与非周期多层膜起偏器反射率和带宽比较

斯特角接近 45°. 但是由于在不同的波段, 选择不同的材料组合的光学常数也有较大差别, 因此角度往往偏离 45°. 如图 2 - 11 所示, 给出了对 Mo/Si 多层膜进行优化时, 所得到的准布儒斯特角以及反射率 R_s 关于波长的关系曲线. 随着波长的增加, 多层膜反射率 R_s 逐渐降低, 同时布

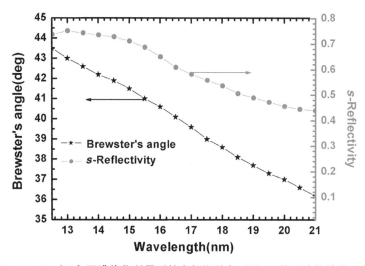

图 2 - 11　Mo/Si 多层膜优化所得到的布儒斯特角以及 R_s 关于波长的关系曲线

儒斯特角也逐渐减小. 在 13~19 nm 范围内,对应中心波长为 16 nm,此时对应的布儒斯特角为 40.5°. 对于宽带偏振元件的优化设计,为满足整个优化波段具有较大的积分偏振度,即要求总体的偏振度都很大,因此在设计过程中,需要选择对应中心波长处的布儒斯特角作为宽带偏振元件的入射角.

如图 2-12 所示,为在不同入射角时优化得到的反射率 R_s,R_p 关于波长的关系曲线. 从图 2-12(a)可以看出在正入射角为 40°时,对应的中心波长为 16.3 nm,因此在中心波长处,R_p 值有较大的抑制,在整个优化波段的 R_p 都非常低,满足积分偏振度值较大. 而在图 2-12(b)中,正入射角为 45°时,对应波长 12.5 nm 处有较低的 R_p 值,但对于其他波段 R_p 值都接近 0.01,因此,对于宽带多层膜的设计,入射角的选择必须选择中心波长处所对应的布儒斯特角.

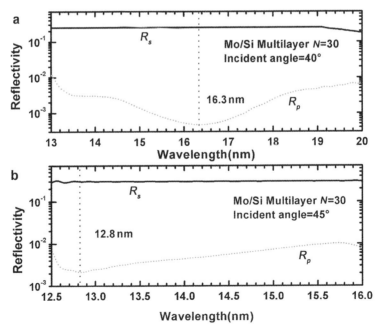

图 2-12 在不同入射角时优化得到的反射率 R_s,R_p 关于波长的关系曲线

在磁圆二向色性光谱实验等偏振实验中,需要在实验过程中具有平坦的偏振光源,以提高成像质量. 在优化过程中,对于相同的初始膜系,周期数不变时,在不同的目标反射率 R_0 情况下,所得到的优化反射率也不同. 如图 2 - 13 所示,在 $R_0 = 0.34$ 时,反射率 R_s 的曲线振荡较大,当 R_0 减小至 0.30 时,R_s 曲线仍有微小振荡,当 R_0 变为 0.27 时,R_s 曲线变得非常光滑平直. 因此在优化过程中,可以通过减小目标反射率来获得平坦的 R_s 曲线. 此外,有时在周期数未饱和时,也会导致 R_s 曲线有较大振荡,可以通过增加周期数来寻求较好的优化结果. 当增加周期数,优化结果没有改善时,只能通过降低目标反射率来达到平直的 R_s 曲线.

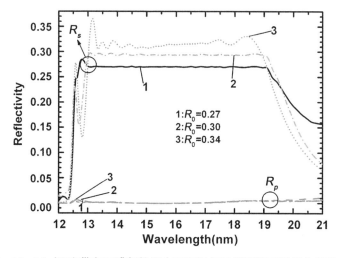

图 2 - 13　Mo/Si 宽带多层膜起偏器在不同目标反射率值时的优化设计曲线

如图 2 - 10 所示,多层膜的带宽与峰值反射率成反比,因此在优化过程中,要想得到较大的带宽,就要牺牲多层膜的反射率,反之,如果希望提高多层膜的光通量,就要在优化过程中减小目标的带宽值. 如图 2 - 14 所示,针对不同的带宽进行优化:① 带宽 15~17 nm,目标反射率 $R_0 = 0.45$,周期数 $N = 20$;② 带宽 14~18 nm,目标反射率 $R_0 = 0.35$,周期数 $N = 30$;③ 带宽 13~19 nm,目标反射率 $R_0 = 0.25$,周期数 $N = 40$.

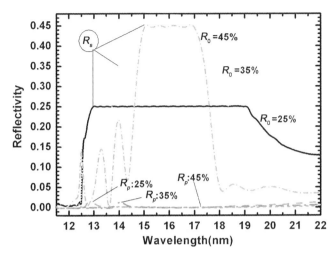

图 2‑14　Mo/Si 宽带多层膜起偏器在不同目标反射率和带宽时的优化结果

这三块宽带起偏器的正入射角都为 $40°$,在对应的优化波段 R_p 的值都非常小,而且大部分 R_p 值都小于 0.001,因此在保证带宽和光通量均有较大值的同时,还能保证宽带区间有较大的偏振度. 在对应的优化波段,均能达到目标值,而且 R_s 的反射率曲线都非常平直. 在优化过程中,所取的周期数也不相同,优化时并没有都达到饱和.

　　上面所有的讨论和优化都没有考虑界面扩散和粗糙度等因素对多层膜反射率的影响. 事实上,由于薄膜的沉积工艺影响,粗糙扩散不同工艺也不同,因此理论上虽然能获得平直的反射率曲线,在实际制备过程中还是非常难实现. 因此在设计过程中,一定要考虑粗糙与扩散的影响,并且引入的缺陷因子要尽可能接近实际情况. 在多层膜的优化过程中,引入 Debye-Waller 因子来模拟多层膜的界面粗糙和扩散.

　　如图 2‑15 所示,曲线 1 和 2 是在优化过程中没有考虑粗糙扩散影响($\sigma=0.0$ nm),曲线 1 在计算时粗糙扩散值 $\sigma=0.0$ nm,曲线 2 则是 $\sigma=1.0$ nm 时反射率曲线. 由此可以看出,由于粗糙扩散导致反射率曲线与理想界面的反射率曲线相差较大,同时使反射率曲线变得振荡较大. 要想制备出平直的反射率曲线,在设计时必须要考虑粗糙扩散影响.曲线 3 是在优化时就考虑 $\sigma = 0.5$ nm,在计算反射率时也加粗糙扩散因子$\sigma = 0.5$ nm.得到的反射率曲线仍旧非常平直.

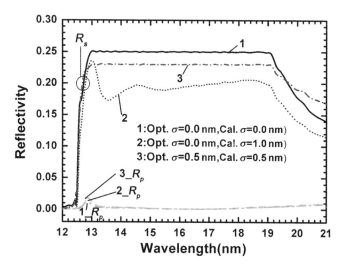

图 2‑15　Mo/Si 宽带多层膜起偏器在考虑不同粗糙度时的优化设计曲线

　　因此,在设计多层膜前,如果知道实验中多层膜之间的具体粗糙和扩散值,仍然可以优化得到理想的目标多层膜反射率.要想得到多层膜之间具体的粗糙扩散值,可以通过 X 射线衍射仪对多层膜进行小角衍射测试或者利用同步辐射进行反射率测试,通过对测试曲线进行拟合分析可以近似得到多层膜的粗糙度.比较直观的方法是对多层膜进行透射电镜扫描成像,通过对 TEM 成像图进行分析可以得到多层膜的粗糙扩散值.然后用这个值进行模拟优化设计,最终在制备过程中,精确标定沉积速率,控制镀膜工艺可以得到理想的目标反射率曲线.

　　上述的分析数值方法可以广泛应用于极紫外与软 X 射线波段的各种合适的多层膜材料组合,通过材料的光学特性,除了在 Si 的 L 边以上 12.5~20 nm 可以选择 Mo/Si 多层膜作为宽带起偏器外,Mo/Y 材料组合可以用于 8~13 nm 波段,在 B 的 Kα 边以上 6.6~8.5 nm 波段可以选择 La/B$_4$C 作为组合进行优化设计,实现了从 6.6~19 nm 波长范围内的非周期宽带多层膜偏振元件. 波长越短,所能优化得到的宽带多层膜起偏器的绝对带宽越小,反射率越低,而且所需的膜层周期数越多. 例如使用 Co/C 优化得到的 5.9~6.1 nm 的宽带多层膜起偏器,虽然绝对带宽仅为 0.2 nm,仍然比周期多层膜在 6.0 nm 处的带宽0.05 nm 宽 4 倍. 由于波长越短,所需薄膜的膜层厚度越薄,要求制备工艺越高,粗糙和扩散对反射率的影响也越大,因此制备实用的宽带多层膜偏振元件越困难.

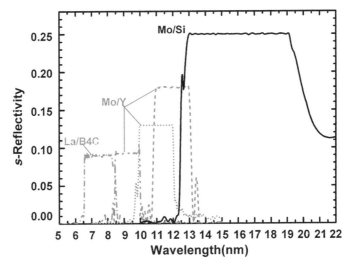

图 2 - 16　选择 Mo/Si, Mo/Y, La/B4C 等材料组合进行优化设计,实现了从 6.6~19 nm 波长范围内的非周期宽带多层膜偏振元件

2.3.3　极紫外与软 X 射线多层膜宽角偏振元件设计

根据公式(2-30)进行数学推导,可以得到多层膜宽角偏振元件初始膜系. 如上所述,把对应宽带偏振光学元件的评价函数进行修改得到式(2-33),可以得到宽角多层膜偏振光学元件的评价函数.

$$MF = \frac{1}{m} \sum_{j=1}^{m} \left[(R_0(\theta_j) - R_s(\theta_j))^2 + \gamma \times \left[1 - \frac{R_s(\theta_j) - R_p(\theta_j)}{R_s(\theta_j) + R_p(\theta_j)} \right]^2 \right]$$

$$(2 - 33)$$

由于宽角光学元件的设计思想和过程与宽带非常相似,为避免重复,在下面的阐述中,着重阐述优化设计结果. 根据公式(2 - 30)对 Mo/Si 多层膜在波长 13 nm 处进行初始膜系推导,得到的初始厚度与最终优化得到的膜层厚度的分布如图 2 - 17 所示.膜层的层数是 80 层,厚度范围从 3 nm 到 11 nm 之间变动. 在优化过程中,优化角度范围为 $41° \sim 45°$,R_s 目标反射率为 65%,最终优化得到的反射率曲线如图 2 - 18所示.

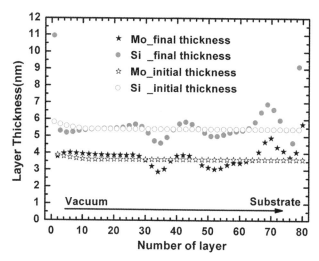

图 2 - 17　Mo/Si 多层膜的 Mo 膜和 Si 膜初始值,以及经过
优化后所得到的厚度关于膜层数分布曲线

使用这种数值方法与局部优化算法相结合的方法在优化过程中,运算时间不仅随周期数的增多而增加,还随目标反射率的增大而增加. 但是这种算法的效率非常高. 本文使用计算机配置为赛扬 CPU,主频为 2.54 GHz,在优化过程中的运算时间与周期数(a)和目标反射率(b)的

关系曲线如图 2-19 所示.固定目标反射率,在周期数达到 60 时,所需时间仅为 1 200 s.当固定周期数、优化时间随着目标反射率的增加而增加.使用这种数值分析与局部优化算法相结合的方法,来优化宽角起偏器,在几十分钟内就可以得到理想的优化结果.

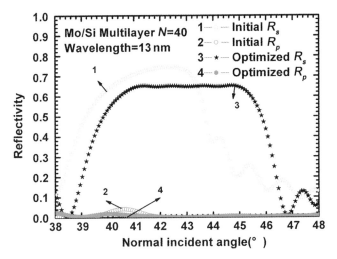

图 2-18 由初始膜系计算和经过优化得到的 Mo/Si 多层膜反射率关于角度的关系曲线

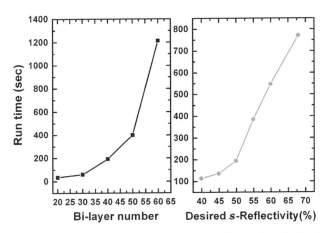

图 2-19 Mo/Si 宽角多层膜起偏器优化运算时间与周期数(a)和目标反射率(b)的关系曲线

图 2-20 给出了在角度优化范围为 41°～43°时,Mo/Si 多层膜的反射率以及对应的偏振度 P 随角度的变化关系,从图中可以看出,优化结果中反射率 R_s 与偏振度 P 在宽角范围内都能达到一个平坦曲线,这样的光学元件对成像实验是非常有利的.

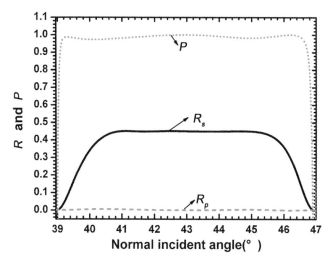

图 2-20　Mo/Si 多层膜的反射率以及对应的偏振度 P 随角度的变化关系

图 2-21 是入射光波长为 13 nm,周期数为 40,角度优化范围为 41°～45°时,Mo/Si 多层膜在不同目标反射率时 $R_0=0.60(1)$,$0.65(2)$,$0.70(3)$反射率随角度的变化关系. 当目标反射率提高时,反射率曲线 R_s 变得越来越不平坦,在某些特殊要求的实验装置中,为获得平坦的反射率曲线,必须通过减小目标反射率的方法来实现.

与宽带起偏器的设计相类似,对多层膜不能使目标反射率和带宽同时达到最大,同样,对于宽角起偏器的设计,如果想在更大的宽角范围内实现偏振,就要选择较低的目标反射率. 如图 2-22 所示,Mo/Si 多层膜宽角起偏器在 13 nm 处,不同角度范围内,优化得到反射率 R_s 与偏振度 P 关于角度的关系曲线. ① 优化角度范围是 42°～44°,目标反射率为 $R_0=50\%$;② 优化角度范围是 41°～45°,目标反射率为 $R_0=45\%$;③ 优

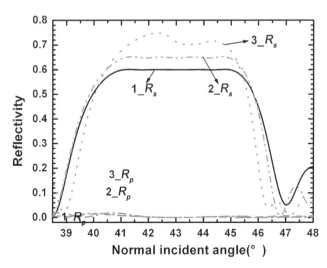

图 2‑21 Mo/Si 多层膜在不同目标反射率时反射率随角度的变化关系

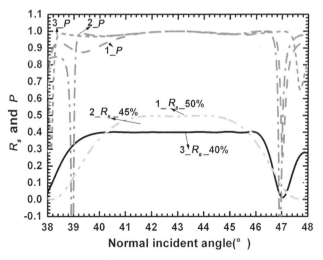

图 2‑22 Mo/Si 多层膜宽角起偏器在 13 nm 处,不同角度范围优化
得到反射率 R_s 与偏振度 P 关于角度的关系曲线

化角度范围是 $40°\sim46°$,目标反射率为 $R_0=40\%$.为得到平坦的反射率
曲线,对于不同的优化目标所采用的周期数分别为 35,45 和 49.

上面仅以 Mo/Si 多层膜在波长 13 nm 为例进行阐述,这种方法在极紫外与软 X 射线不同波段,对不同的材料组合都适用. 图 2 - 23 多层膜宽角起偏器在不同波长,不同材料组合在不同的波长处,使用不同的周期数进行优化设计得到不同的角度带宽的反射率 R_s,R_p 关于角度的关系曲线. 对 Mo/Si 多层膜(曲线 1):目标反射率 $R_0=0.60$,周期数 $N=40$,波长 $\lambda=13$ nm,角度范围为 $41°\sim45°$;对 Mo/Be 多层膜(曲线 2):目标反射率 $R_0=0.45$,周期数 $N=40$,波长 $\lambda=13$ nm,角度范围为 $41°\sim45°$;对 Ni/C 多层膜(曲线 3):目标反射率 $R_0=0.16$,周期数 $N=60$,波长 $\lambda=5.2$ nm,角度范围为 $44°\sim45°$.

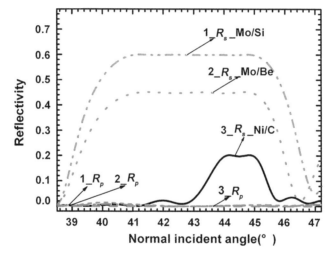

图 2 - 23 多层膜宽角起偏器在不同波长,不同材料组合 Mo/Si,Mo/Be,Ni/C 时,优化得到反射率 R_s,R_p 关于角度的关系曲线

在设计宽角起偏器时,也要考虑粗糙和扩散对多层膜性能的影响,使用相同的粗糙扩散模型,在优化过程中考虑粗糙和扩散对薄膜的影响. 在优化过程中,可以引入粗糙度因子,但是这个假设值必须与实际制备得到的相接近,否则即使在优化过程中考虑的粗糙扩散影响,即使镀膜的速率可以标定非常精确,也不能得到平坦的反射率曲线. 如图2 - 24所示,在优化前加入粗糙度因子也可以得到平坦的反射率曲线(3),如果

在优化时不考虑粗糙度,在计算时考虑时,则得到的反射率曲线由于粗糙度的影响而变得不平直. 曲线(1) $R_0 = 0.45$,$\sigma = 0$,优化过程没有考虑粗糙度;曲线(2)为 $R_0 = 0.45$,$\sigma = 0.5$ nm,优化过程中没有考虑,在计算时考虑;曲线(3) $R_0 = 0.42$,$\sigma = 0.5$ nm 在优化和计算时都考虑粗糙度为 $\delta = 0.5$ nm. 其中所有多层膜的优化设计波长为 13 nm,周期数 $N = 40$,优化角度范围为 41°~45°.

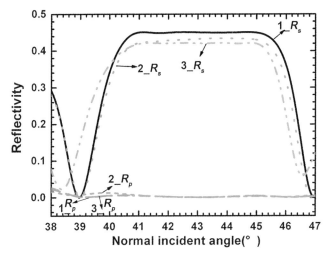

图 2–24　宽角多层膜起偏器优化得到反射率 R_s,R_p 关于角度的关系曲线

2.3.4　极紫外与软 X 射线非周期透射多层膜偏振元件设计

虽然反射式偏振光学元件具有很高的偏振度和光通量,但是会改变光路方向,给实验装调带来很大困难,因此有时使用透射式光学元件来代替反射式光学元件. 同样由于周期多层膜的带宽比较窄,通过设计非周期性多层膜可以实现偏振元件在较宽的波长范围内都能具有较好的偏振特性. 在已有的极紫外与软 X 射线反射式多层膜宽带偏振光学元件研究基础上,设计了非周期透射式多层膜偏振元件,包括宽带起偏器(检偏器)和宽带相移片.

　　透射式宽带起偏器是在某一波段范围内的各个波长的入射光以某一起偏角入射到具有固定膜系结构上时都能得到很好的偏振性能,这样可以在固定角度时,达到宽带起偏功能.在 12.5～16 nm 波段范围内,选择 Mo/Si 作为非周期多层膜的散射层和间隔层材料来设计透射式宽带偏振光学元件.在优化过程中,评价函数取在一个波长范围内,相应的光通量较大 T_p,同时具有很高的偏振度 T_p/T_s.其中所需膜对数 N、准布儒斯特角 θ_B 以及相应的计算都在前面章节有详细叙述,在优化时采用 Levenberg-Marquardt 局部优化算法,通过不断调整膜厚来实现目标.由于目前制备自支撑的透射多层膜工艺有待继续摸索,因此在设计过程中使用 100 nm 的 Si_3N_4 薄膜作为衬底.

　　图 2-25 是 Mo/Si 透射式宽带起偏器的透射率及偏振度关于波长的关系曲线,优化波长范围 13～13.8 nm,光通量(T_p)的目标峰值取 $T_{peak}=0.4$,起偏角取 $\theta_B=45°$,多层膜周期数 $N=25$,优化得到透射率 $T_p=7.1\%～9.5\%$,透射偏振度 $T_p/T_s=50～249$.在宽带透射起偏器的优化设计中,要想提高偏振度,必须通过增加膜层周期数和厚度来增

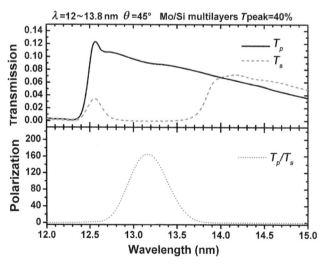

图 2-25　透射式宽带起偏器偏振特性曲线

加对 T_s 光的吸收,这样也会大大降低透射元件的光通量,同时优化设计曲线不像反射式宽带偏振元件那样具有平坦的曲线.

利用非周期多层膜可以实现宽带透射式多层膜相移片设计. 相移片和起偏器有时在改变元件角度时可以相互转化使用,只是实验对这两种偏振光学元件偏振性能的要求不同. 实验对相移片除了要求透过率 T_s,T_p 有极大值以外,还要满足 $|T_p - T_s| / T_p \leqslant 10\%$ 且 $\Delta \phi = |\phi_s - \phi_p| = 90° \pm 30°$,式中 T_p 和 T_s 分别为 p 分量透过率和 s 分量透过率,$\Delta \phi$ 为位相差,ϕ_s 和 ϕ_p 分别为透射光中 s 分量和 p 分量的位相,这里选择的评价函数是:$F = |(\varphi_0 - \Delta \varphi)/90| + |1 - T_p/T_s|$.

根据上面的评价函数和优化算法,选择工作波段为 $\Delta \lambda = 12.5 \sim 15$ nm,多层膜材料为 Mo/Si,优化角度为 $45°$,优化设计得到的宽带相移片的相移、偏振特性与波长的曲线如图 2-26 所示. 在波长 $13.2 \sim 15.2$ nm范围内,多层膜相移片的相移在 $60° \sim 120°$区间,透过率 T_s 和 T_p 从 7% 降至 3%,虽然光通量较反射多层膜起偏器小,但是对于同步

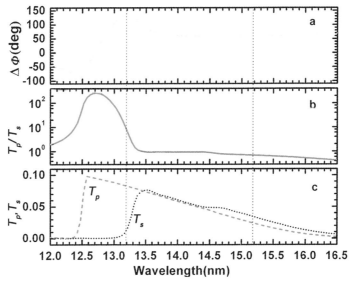

图 2-26　宽带相移片的相移、偏振特性与波长的曲线

辐射等强度高的光源,这样的偏振元件的性能也是满足实验要求的. 在该波长范围内,透过率比值 T_p/T_s 接近于 1.

2.4　本　章　小　结

在极紫外与软 X 射线波段,周期多层膜偏振光学元件具有很好的偏振度和光通量,透射式多层膜可以作为相移片,反射式多层膜可以作为检偏器,一起用于全偏振分析. 由于周期多层膜偏振光学元件的光谱带宽窄,为扩展其波长应用范围,可以使用非周期多层膜来代替周期多层膜. 在优化设计时,为提高优化速度,得到理想的优化结果,将在硬 X 射线设计超反射镜的思想应用于极紫外与软 X 射线宽带和宽角多层膜偏振元件设计中,得到了平坦的光通量和较高的偏振度,并对初始厚度、入射角度、膜层周期数以及粗糙度等因素对非周期多层膜偏振元件的设计影响进行了讨论. 由于透射式多层膜偏振元件具有不改变光路方向的优点,因此对非周期透射式多层膜偏振元件的设计进行了讨论,并给出了优化设计结果.

第3章

极紫外与软 X 射线多层膜偏振元件
制备与检测

3.1 概　述

　　由于极紫外与软 X 射线多层膜偏振元件每层膜的厚度在纳米量级,为精确控制膜层厚度,提高膜层质量,采用直流磁控溅射技术来制备样品.为分析膜层结构和性能,使用 X 射线衍射仪(XRD)对多层膜进行小角衍射测试;为确定样品的反射率或透过率特性,使用合肥国家同步辐射实验室(NSRL)的反射率计进行测试;为测试元件的偏振特性,部分样品在北京同步辐射实验室(BSRF)的偏振计进行测试;为验证偏振测试结果,并进行全偏振分析测试,最后样品在德国 BESSY 同步辐射实验室的偏振计上完成测试.同时为表征样品的粗糙度,界面扩散和面形结构还采用原子力显微镜(AFM)、透射电镜(TEM)、X 射线发射谱(EXES)和表面轮廓仪对样品进行表征.

3.2　溅射原理及磁控溅射设备简介

软 X 射线多层膜的制备方法有很多,其中最常用的是电子束蒸发、离子束溅射和磁控溅射法等.电子束蒸发是一种传统的薄膜制备技术,也是最初用来制备多层膜的方法.由于离子束溅射、磁控溅射法(包括直流(DC)和射频(RF)两种)制备出的薄膜质量很高,磁控溅射镀膜系统工艺稳定,膜厚易于控制.溅射出的粒子的能量大(通常为 10 eV 左右),制备出的膜层致密,质量较好,膜厚控制精度高,因此采用磁控溅射法来进行制备.

在溅射镀膜中,膜层的沉积速率通常与溅射产额和材料的凝聚速率有关.影响溅射产额的因素主要有:① 入射离子的能量;② 入射离子和固体靶材料的影响;③ 入射离子与靶材表面的夹角.相同条件下,离子入射角不同,溅射产额也不同.膜层材料在基片上的凝聚速率则与基片相对于靶枪或辉光放电区的位置、系统真空度、基片运动情况等有关.

磁控溅射法是在与靶表面平行的方向上施加磁场,利用电场和磁场相互垂直的磁控管原理,使靶表面发射的二次电子只能在靶附近的封闭等离子体内作螺旋式运动,电子在靠近靶枪表面区域内的行程增加,造成电子与气体分子碰撞几率增加,电离效率提高,在较低的工作气压下可以维持稳定的辉光放电;同时减少了电子对基片的轰击,降低了基板温度,实现低温高速溅射.

磁控溅射从结构上可分为平面型、同轴圆柱型和 S-枪型;从靶枪电源类型上可分为直流磁控溅射和射频磁控溅射两种.直流磁控溅射是利用金属、半导体靶制取薄膜的有效方法;当靶是绝缘体时,由于撞击到靶上的离子会使靶带电,靶的电位升高,结果离子不能继续对靶轰击,因此直流磁控溅射法不能溅射绝缘体材料;而射频磁控溅射是在射频电压作用下,利用电子和离子运动特征的不同,在靶的表面感应出负的直流脉冲,产生溅射现象,它对绝缘材料也能进行有效的溅射镀膜.射频功率源采用的频率一般为 13.56 MHz.

在磁控溅射过程中,溅射的薄膜表面经常会吸附上一些残余气体,这会影响薄膜的质量.在基片上加上 100~300 V 的直流负偏压(在直流溅射中加直流偏压,射频磁控溅射中加射频偏压),对基片来说,它相当于在系统中另增加一个溅射靶枪,这时基片表面会受到正离子的不断轰击,将吸附的气体杂质轰掉,可以提高薄膜的纯度,同时也可以把基片上附着力差的原子溅射掉,提高膜层质量.由于磁控溅射中辉光被束缚在靶枪表面,被偏压点燃的辉光能量很低,容易控制.目前这种技术已广泛地用在磁控溅射法制备 X 射线多层膜的过程中.

在磁控溅射过程中,膜层厚度很难再用实时监测反射率变化或石英晶振直接监控的方法来实现,主要由于基片与磁控靶间的距离太近(通常为 5~12 cm),在这之间产生等离子区;基片上往往也加有偏压,石英晶体表面会带电,射频信号会产生干扰.在磁控溅射镀膜过程中,如果各种工艺条件很稳定,膜层的生长速度也会非常稳定.因此,在磁控溅射系统中,膜层厚度的控制都是通过时间控制法来实现的.目前,利用计算机进行时间控制膜层厚度的方法,在磁控溅射法制备 X 射线多层膜的过程中,每层膜的控制误差可以达到 0.01 nm,在膜层数大于 100 的情况下,整个膜系的厚度误差小于 0.05 nm.

在磁控溅射制备多层膜时,反射镜的大小要受到磁控靶大小的限制.对于一直径为 100 mm 的靶来说,膜层均匀的区域为 30 mm 左右,即制膜均匀区小于靶面积的 1/3.为提高薄膜的均匀区,可以在靶枪和基片之间加掩膜板来进行厚度校正.本书在多层膜制备实验中使用的是一台由北京立方达真空设备有限公司出产的高真空磁控溅射镀膜设备.
其结构见图 3-1.

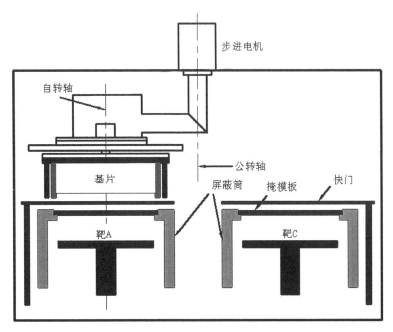

图 3-1　磁控溅射镀膜设备结构示意图

如图 3-1 所示,溅射真空腔内安装有 A、B、C、D 四个圆形磁控溅射
靶枪.在以真空腔中心为圆心的圆周上,每个靶枪之间相隔 90°,竖直向
上安装.在每个屏蔽筒和基板之间都配有一个独立的、可编程控制的机
械快门挡板,这个快门可由程序控制开、关时刻以及开、关状态所维持的
时间.四个磁控溅射靶均为平面型,直径为 100 mm.样品固定在真空腔
的上盖板的托盘上,通过步进电机控制公转和自转,使得样品架可以在
程序控制下停留在不同的靶枪上,实验中样品的自转的速度为
40 转/min.样品与靶枪表面的间距连续可调,实验中靶距均为 80 mm.真
空系统由机械泵和涡轮分子泵组成,实验时的本底真空度为 2×10^{-4} Pa.
每个溅射靶枪都配有独立的进气气路,溅射气体选择 Ar 气.在镀膜过程中,工作气压的测量用一个测量精度高、工作稳定的薄膜真空计来实现,工作气压为 0.06 Pa.

3.3　X 射线衍射仪(XRD)

图 3-2 给出由 BeDe 公司生产的 D1 多功能高分辨 X 射线衍射仪的结构示意图,它主要由 X 射线源系统、测角仪和探测器三部分组成. X 射线源是固定 Cu 靶 X 射线管,最大功率 2 kW. X 射线首先经过一个抛物柱面状的 X 射线多层膜反射镜将其变成平行光,同时滤除 X 射线光管发出的轫致辐射和大部分 Cu 的 K_β 线,从多层膜反射出的 X 射线经过两个 Si(111) 单晶四次反射后,输出高平行性的 Cu 的 K_α 射线($\lambda=$ 0.154 nm). 再经过狭缝 1 照射到样品上. 从样品发出的衍射线束经狭缝 3 传播. 另外还有一道狭缝 2 放在样品和接收狭缝之间,是防止空气散射等非样品散射的 X 射线进入探测器. 这三道狭缝的宽度可以根据实验要求进行适当调节,测试超反射镜选用的宽度分别为 0.05 mm,0.25 mm 和 0.50 mm. 测角仪主要由两个同心的 θ 圆和 2θ 圆组成,样品安放在中心的 θ 圆上,用来记录衍射 X 射线强度的探测器则安放在外围的 2θ 圆上. 每个圆有各自的驱动器,θ 和 2θ 圆可以以 1:2 的转速比耦合联动,

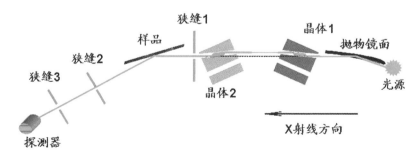

图 3-2　BeDe D1 型 X 射线衍射仪结构示意图

也可以单独运转,测量时,2θ 角度扫描采样间隔为 $0.02°$.

极紫外与软 X 射线多层膜可以看作晶格常数(周期)为纳米量级的一维人工类晶体,能够对入射到其表面的 X 射线产生衍射. 由于多层膜周期厚度比天然晶体晶格常数大一个数量级,若用波长为 0.154 nm 的 X 射线作为入射光,由 Bragg 方程可知,衍射角很小,主要集中在掠入射范围内,因此又把这种方法称为 X 射线衍射仪小角测量法[57].

以 Mo/Y 多层膜为例,测量得到的小角衍射曲线如图 3 - 3 左图所示,描述 X 射线衍射的布拉格(Bragg)定律是从 X 射线被原子面"反射"的散射波的干涉出发,求出 X 射线照射晶体时衍射线束的方向来分析晶体结构的. 当 X 射线照射到晶体上时,各原子周围的电子将产生相干散射和非相干散射,相干散射会产生干涉. X 射线有强的穿透能力,在 X 射线的作用下,晶体的散射线来自若干层原子面,除同一层原子面的散射线相互干涉外,各原子面的散射线之间也产生干涉,当光程差等于波长的整数倍时,相邻原子面散射波干涉加强,由于 X 射线对物质有一定的吸收,因此满足修正的布拉格定律:

$$\sin^2\theta = (\lambda/2d)^2 m^2 + 2\delta \tag{3-1}$$

由于 X 射线在晶体中的折射率 $n = 1 - \delta$,δ 是小量,因而要对 $2d\sin\theta = m\lambda$ 进行修正. 修正过程如下:发生干涉极大时,光程差应为波长的整数倍:

$$\frac{2nd}{\sin\theta_B} - \frac{2d\cos(\theta_B + \Delta\theta)}{\tan\theta_B} = m\lambda$$

$$\because \Delta\theta \Rightarrow 0 \quad \therefore \cos\Delta\theta \approx 1,\ \sin\Delta\theta \approx \Delta\theta$$

$$2d\left[\frac{1-\delta}{\sin\theta_B} - \frac{\cos\theta_B - \sin\theta_B\Delta\theta}{\tan\theta_B}\right] = m\lambda$$

$$2d\sin\theta_B\left(1-\frac{\delta}{\sin^2\theta_B}\right)=m\lambda \qquad (3-2)$$

将左右两式平方展开得

$$\left[2d\sin\theta_B\left(1-\frac{\delta}{\sin^2\theta_B}\right)\right]^2=(m\lambda)^2$$

$$\sin^2\theta_B\left(1-\frac{2\delta}{\sin^2\theta_B}+\frac{\delta^2}{\sin^4\theta_B}\right)=\left(\frac{m\lambda}{2d}\right)^2 \qquad (3-3)$$

因为 $\delta\Rightarrow0$ 忽略 δ 平方项,上式变形为公式(3-1).
式中,m 是衍射峰的衍射级次,δ 为多层膜的平均折射率小量,θ 为 m 级次衍射所对应的衍射角,λ 是入射光波长,X 射线衍射测试中使用的是 Cu 的 K_α 线(波长为 0.154 nm).

利用 Fresnel 公式,通过引入粗糙度因子,并考虑膜层厚度、密度等信息可以对 X 射线小角衍射图进行拟合,如图 3-3 左图所示[58],对

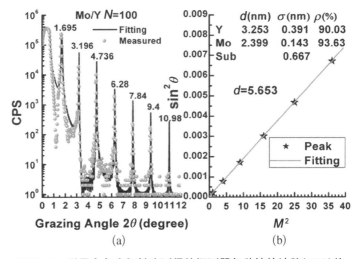

图 3-3　利用小角度衍射法测得的探测器每秒钟的计数(CPS)关于掠入射角的测试曲线与拟合曲线(a),利用修正的布拉格公式拟合曲线与拟合结果(b)

Mo/Y 多层膜拟合的结果也列在其中. 以实验测得的 θ, m 数据, 做 $\sin^2\theta$ 为纵坐标、m^2 为横坐标的直线, 从直线的斜率可得到多层膜样品的周期厚度 d 值, 从直线在纵轴上的截距可得到折射率的修正值 δ, 如图 3-3 右图所示, 并给出了对应的拟合结果.

　　然后根据样品制备时间, 通过线性拟合可以得到薄膜的沉积速率, 图 3-4 给出了 Mo 和 Y 薄膜沉积速率拟合曲线, 可以看出通过拟合不仅可以给出薄膜的速率 V, 也可以得到相应的厚度修正值 Δd, 这里 Δd 正值代表着在多层膜制备过程中薄膜材料间相互扩展, 反之则为收缩, 通过 Δd 的修正, 得出的速率 V 更加接近真实的薄膜沉积情况.

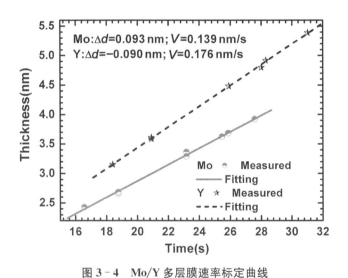

图 3-4　Mo/Y 多层膜速率标定曲线

3.4　合肥国家同步辐射实验室(NSRL)反射率计

　　合肥国家同步辐射实验室的光谱辐射标准与计量光束线和实验站能够实现在 $5\sim120$ nm 波段反射率和透过率的标定和测量工作, 光谱辐射标准和计量光束线是由 B12 弯铁引出的,样品和探测器可以同时或者单独旋转,在样品台上可以并排放入多块样品,只需平移样品台就可以切换样品进行测试. 通过探测器测量直通光强度和反射光强,由于在测试过程中束流不断衰减,反射率必须要用束流强度进行归一,样品的反射率 $R=I_1 \times A_0 / (I_0 \times A_1)$,其中 I_1 为反射光强,A_1 为反射测试束流,I_0 和 A_0 为直通光的总光强和束流强度. 在测试中为了消除高次谐波对测试结果的影响,在相应波段选择滤片,如在 5～8 nm 之间选择 C 滤片,在 8～12.5 nm 之间选择 Zr 滤片,在 12.5～17.5 nm 之间选择 Si_3N_4＋Mo＋Si 滤片,在 17.5～25 nm 之间选择 Al 滤片,在 25～34 nm 之间选择 Al＋Mg＋Al 滤片,在更长波段现在还没有合适滤片可供选择. 合肥国家同步辐射实验室光谱辐射标准和计量光束线参数如表3－1所示.

表 3－1　合肥国家同步辐射实验室光谱辐射标准和计量光束线参数

光　栅	适用波长	波长重复性好于	波长分辨率 $\lambda/\Delta\lambda$	光通量大于
1 800 L/mm	5～12 nm	0.05 nm	298	2×10^{10}
600 L/mm	12～36 nm	0.06 nm	192	2×10^{11}
200 L/mm	36～120 nm	0.1 nm	181	5×10^{11}

3.5　北京同步辐射装置(BSRF)偏振测量装置

为开展极紫外与软 X 射线偏振光学的研究,北京同步辐射实验室设计建造了一套软 X 射线多功能高真空综合偏振测量装置[59],该装置可用于光束线偏振特性测量、偏振光学元件测试及偏振光应用等,也可作为反射率计使用. 该装置可工作在① 双透(T－T)、② 前透后反(T－R)、③ 前反后透(R－T)和④ 双反(R－R)四种工作模式,工作原理如图 3-5 所示.

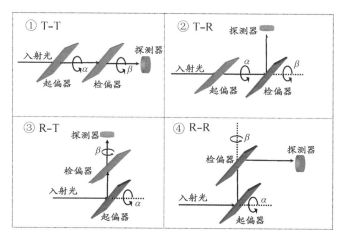

图 3-5　BSRF 偏振装置不同工作模式示意图

　　整套装置由三维可调支撑平台、超高真空腔体及整体旋转装置、高精度两维微动准直平台及准直管、位置可控束流监测器、起偏装置、随动摇臂、样品架、检偏旋转平台、检偏装置、探测器、真空系统、数据获取和控制系统等组成. 其中,整体旋转装置由磁流体密封件和涡轮蜗杆构成,带动超高真空室整体绕光轴旋转,以改变起偏器的方位角;起偏装置和随动摇臂构成第一衍射仪,样品台、检偏器、探测器均可与其构成 $\theta \sim 2\theta$ 关系,完成反射、透射扫描;检偏器旋转平台带动检偏装置和探测器绕起偏器出射光轴旋转,以改变检偏器的方位角. 检偏器和探测器构成第二衍射仪,完成检偏测量工作.

3.6　德国柏林同步辐射实验室 (BESSY)偏振测量装置

　　超高真空便携式偏振计[60]如图 3-6 所示,起偏器是透射式的,这样便于光路准直和装调,由于反射式检偏器具有很高的偏振度,所以检偏器采用反射式结构.该装置可用于表征真空紫外到软 X 射线波段的线偏振光和圆偏振光,也可以用于表征光学元件的反射率、透射率、偏振度以及相移特性.不仅可以通过该装置实现磁圆二向色性和磁线二向色性等磁光实验,还可以对法拉第测量的透射光进行偏振分析,同时还可通过测试磁光科尔效应研究薄膜和磁性多层膜.探测器的两维独立旋转可以实现非镜面的磁散射实验.该偏振计还配有样品传送装置,这样在替换样品过程中可以不用破坏真空,极大地提高了测试效率.

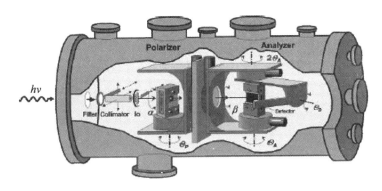

图 3 - 6　BESSY II 偏振装置示意图

在测试中使用 400 L/mm 的光栅作为单色器.为提高光谱纯度,在不同波段选择合适的滤片来抑制高次谐波,如 Be,C_6H_8,Ti,Cr,Fe,Cu 等滤片.准直管的直径范围从 0.2~2.0 mm,探测器有金网、荧光屏和 GaAsP 二极管.可以测试反射或透射式的样品,样品最大尺寸为 $50\times50\times11$ mm^3,样品最小尺寸 $10\times10\times0.5$ mm^3.起偏器和检偏器入射角范围从 0°到 90°,方位角从 0°到 370°.最小正入射角度为 4.5°,角度的最小步长为 0.001°,加热温度为 200℃.在进样室可以存放 5 块样品,在偏振计内的样品盒内最多可以同时装载 10 块样品.暗电流强度为 1×10^{-15} A,光入缝尺寸范围为 0.2~2.0 mm,真空度最高可达 1×10^{-6} Pa.在测试过程中,在表征反射率以及透过率时用线偏振光源,在进行全偏振分析时用接近圆偏振光进行表征,光源的偏振态可以通过改变谐荡器的轨道偏移(shift)和间隙(gap)值来实现.

3.7　其他检测方法

除了 X 射线衍射仪和同步辐射光源对极紫外与软 X 射线偏振光学元件进行表征外,还可以采用高分辨率透射电镜断层观察的方法确定多层膜的周期,观察多层膜的界面粗糙度和相互扩散情况.图 3‑7 是放大倍数不同时观察得到的做在 Si 片上 Mo/Si 的透射电镜断层照片.由放大倍数小的照片看出,我们制作的多层膜界面之间比较清晰,而且多层膜膜层的平整性很好,但从放大倍数大的照片上可以看出,基底的粗糙度对薄膜生长有很大影响,膜层间还是有一定的扩散.

图 3‑7　镀制在 Si 片上的 Mo/Si 多层膜的透射电镜截面图像

此外,由于薄膜衬底对多层膜的性能有较大影响,还要研究多层膜的表面粗糙度等信息,可以通过原子力显微镜 AFM 来检测多层膜基底以及制备薄膜表面的粗糙度信息.所用原子力显微镜为韩国 PSIA 公司生产的 XE‑100 高精度产品,非接触测量保证测量样品真实的形貌;非接触测量可以避免传统敲击模式 AFM 对针尖的尖端敲损,大大提高了测量重复性和针尖的使用寿命,仅就粗糙度测量而言,重复性可达 4‰. 图 3‑8 给出了不同清洗方法得到的 Si 基片表面形貌,粗糙度均方根值分别为 a:$\sigma=0.56$ nm;b:$\sigma=0.45$ nm.

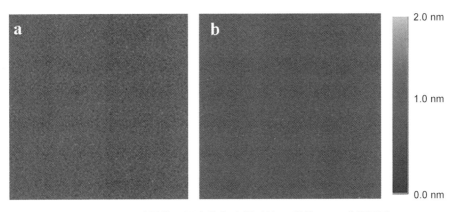

图 3‑8　AFM 测量的不同清洗方法得到的 Si 基片 AFM 表面形貌

为测试多层膜界面间的粗糙度,还可以利用 X 射线发射谱 (EXES)进行测试[61]. 图 3‑9 是利用 X 射线测试测得 Mo/Si 非周期多层膜的 K_β 发射谱与权重拟合曲线,利用对 a‑Si,$MoSi_2$ 和 Mo_5Si_3 以及被测 Mo/Si 样品的 Si 的 K_βX 射线发射谱进行测试,通过加权拟合得出各种组分含量和界面粗糙度,图 3‑9 中拟合得到界面粗糙度为 0.95 nm.

对于透射式多层膜的制备,还要考虑应力以及表面形貌等问题,对多层膜形貌的测试可以间接反映多层膜生长过程中的应力情况,从而来改进工艺参数. 多层膜透射元件面形的测量是由光学表面轮廓仪完成的,测量采用的是 ZYGO 公司生产的表面轮廓仪. 图 3‑10 给出了有效面积为 5 mm×5 mm 的多层膜透射元件面形精度测量图,在 3.2 mm×3.2 mm 测量范围内,面形的峰谷值为 37.6 nm,均方根值为 4.4 nm.

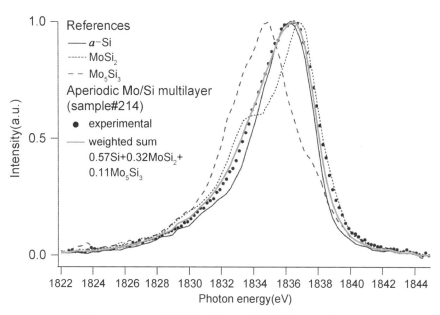

图 3‑9　EXES 实验的 Si 的 K_β 发射谱与权重拟合曲线

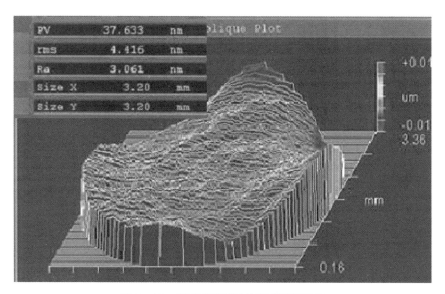

图 3‑10　多层膜透射元件面形测量结果

3.8 本章小结

　　极紫外与软 X 射线多层膜偏振元件样品采用直流磁控溅射技术来制备,通过优化实验工艺参数,可以改善薄膜质量,提高薄膜的光学性能.使用 X 射线衍射仪对多层膜进行小角衍射测试;通过拟合分析,得到样品的膜层厚度、粗糙度和相对密度等信息,结合制备样品的时间,利用线性拟合得到薄膜的沉积速率.使用同步辐射光源对多层膜偏振元件的偏振特性进行表征,利用三家同步辐射实验室的装置进行测试,不仅可以进一步确定样品的偏振特性,还可以通过结果比对来验证同步辐射光源的测试精度.此外,还可以利用原子力显微镜、X 射线发射谱、透射电镜和表面轮廓仪对样品的粗糙度、界面扩散和面形结构等特性进行表征.

第4章

极紫外与软 X 射线多层膜偏振元件测试结果与分析

4.1 概　述

在极紫外与软 X 射线波段,制备了 Mo/Si,Mo/Y,La/B$_4$C,Cr/C 和 Sc/Cr 单波长反射式周期多层膜偏振光学元件,Mo/Si 和 Mo/Y 透射式周期偏振光学元件和相应的反射式非周期宽带与宽角偏振光学元件,以及 Mo/Si 非周期宽带相移片.利用 XRD 和同步辐射对这些元件膜层结构和偏振性能进行测试.通过对周期多层膜的 XRD 小角衍射测试结构进行拟合可以得到多层膜膜层厚度、粗糙度和密度等信息,将非周期多层膜的 XRD 小角衍射测试结果与理论计算相比较可以判断薄膜沉积厚度的误差大小.这些偏振光学元件先后在 NSRL,BSRF 和 BESSY II 等同步辐射实验室进行测试,通过对同一光学元件的测试结果进行比较,进一步验证这些同步辐射光源的波长校准与反射率测试结果.

同步辐射偏振测试结果表明周期多层膜偏振光学元件具有很高的偏振度和光通量,通过对测试结果拟合分析,可以得到多层膜的厚度与粗糙扩散等参数. Mo/Si,Mo/Y 等非周期多层膜偏振元件测试结果与理论相符合,极大地提高了多层膜偏振光学元件应用的带宽范围,简化了偏振实验的准直装调过程. 使用宽带相移片与宽带检偏器,在 BESSY II 的偏振计上进行全偏振分析测试,拟合得到的非周期 Mo/Si 透射式相移片结果与理论相吻合,同时还得到了宽带范围内 BESSY II 光源的偏振特性.

4.2　XRD 小角衍射测试

多层膜制备完成后首先用 XRD 进行小角衍射测试. 对于周期多层膜,通过对测试曲线的峰形,峰的个数等信息初步判定成膜质量,对同种材料多层膜,在厚度一定时,峰形越尖锐,在相同测试角度峰越多,说明薄膜质量越高. 如果有双峰或多峰的存在,说明在制备过程中速率不稳定,或者其他原因造成薄膜出现双周期或非周期结果. 利用 Fresnel 公式,引入适当的粗糙度因子,并考虑薄膜的实际密度与块体密度的差异,对 XRD 小角衍射曲线进行拟合,可以得到多层膜的周期厚度、粗糙度以及密度等信息,根据拟合得到的密度,利用公式

$$
\begin{cases}
\delta(\omega) = \dfrac{r_0\lambda^2}{2\pi}n\bar{f}_1 = \dfrac{r_0\lambda^2}{2\pi}\displaystyle\sum_q n_q f_{1q} \\[3mm]
\beta(\omega) = \dfrac{r_0\lambda^2}{2\pi}n\bar{f}_2 = \dfrac{r_0\lambda^2}{2\pi}\displaystyle\sum_q n_q f_{2q}
\end{cases}
\qquad (4-1)
$$

可以计算得到薄膜的光学常数[62,63]. 根据光学选材原则和材料本身的物理化学性质,对应不同波段选择不同的材料组合制备多层膜偏振光学

元件.

　　图 4-1 到图 4-4 给出了 Mo/Si, Mo/Y, La/B$_4$C, Cr/C 多层膜的 XRD 测试与拟合曲线,其中点为测试结果,线为拟合结果. 可以看出拟合得到的曲线与测试曲线基本重合. Mo/Si 的周期厚度较其他材料组合

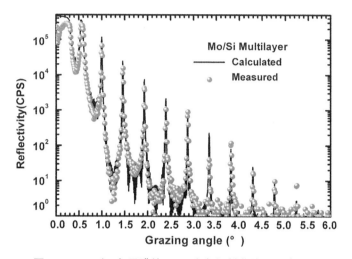

图 4-1　Mo/Si 多层膜的 XRD 小角衍射曲线和拟合曲线

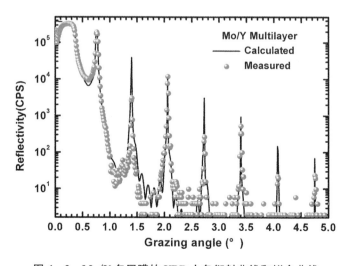

图 4-2　Mo/Y 多层膜的 XRD 小角衍射曲线和拟合曲线

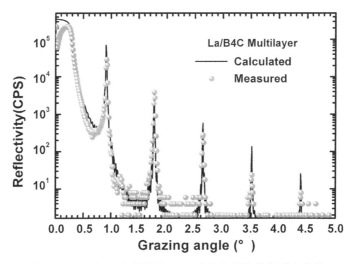

图 4-3　La/B$_4$C 多层膜的 XRD 小角衍射曲线和拟合曲线

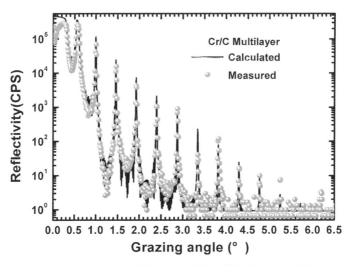

图 4-4　Cr/C 多层膜的 XRD 小角衍射曲线和拟合曲线

要厚,在相同的角度范围内的衍射峰也较多. 由于拟合过程是逆运算,有可能有多个解存在,因此在拟合过程中选择适当的初值和拟合范围非常重要. 根据制备的时间参数和溅射速率,可以估算出大致的薄膜沉积厚度,如果初值比较接近真实膜层信息,可以加速收敛,给出接近真值的拟合结果.

表 4-1 给出了这四组曲线相应的拟合结果,对应波长 Mo/Si:13.1 nm,Mo/Y:9 nm,La/B₄C:7 nm,Cr/C:6 nm. 随着波长越来越短,则所需膜层的周期数也越来越多,对应周期厚度越来越小. 在考虑粗糙度和扩散时,所拟合的结果为两者的均方根,由于两种材料的原子大小不一样,在不同界面的粗糙扩散也不一样. 由于 Si 原子的几何尺寸比 Mo 原子大,所以 Si 在 Mo 上的界面粗糙度(0.30 nm)比 Mo 在 Si 上的界面粗糙度(0.94 nm)要小. 如上所述,根据拟合的膜层材料的密度,可以计算出在该波长(0.154 nm)处材料的光学常数,通过 Mo/Si 与 Mo/Y 多层膜的拟合结果可以比较 Mo 的光学常数值基本接近,这也与实验条件相吻合.

表 4-1　利用多层膜的 XRD 小角衍射曲线,拟合得到的 Mo/Si,Mo/Y,La/B₄C,Cr/C 多层膜结构参数(厚度、粗糙度和光学常数)

膜材料	膜层数	厚度(nm)	粗糙度(nm)	$1-n$ $(\times 10^{-6})$	吸收 $k(\times 10^{-6})$
Substrate	0	∞	0.80	7.59	0.17
Mo Si	1, 3,…,49 2, 4,…,50	3.75 5.54	0.30 0.94	25.80 6.55	1.84 0.15
Mo Y	1, 3,…,99 2, 4,…,100	3.73 2.80	0.25 1.06	26.08 9.98	1.86 0.54
La B₄C	1, 3,…,119 2, 4,…,120	2.34 2.70	0.23 1.00	13.64 8.34	2.39 0.01
Cr C	1, 3,…,159 2, 4,…,160	2.02 2.36	0.22 0.88	16.83 5.74	1.72 0.01

为扩展多层膜的带宽范围,往往采用非周期来代替周期结构,因此

相应的 XRD 的 Bragg 衍射峰也不再像周期多层膜那样成规则分布. 由于每层膜的厚度都是变量,如果根据周期多层膜的拟合方法,则会引入非常多的拟合变量,拟合的计算量非常大,而且拟合的结果有时也与实际大相径庭. 在实际分析过程中可以根据制备样品的目标厚度,通过引入相应的粗糙度等信息与测试数据进行比较,如果薄膜厚度与目标厚度接近,则相应的 XRD 衍射曲线也会相一致.

图 4 - 5 给出了 Mo/Si 宽角多层膜的 XRD 测试曲线与理论计算曲线,粗糙度因子为 0.6 nm,在 4.5°的角度范围内,四个主 Bragg 峰基本一致,说明制备的准周期厚度与理论相符,同时也可以看到第 2,3 和 4 级衍射峰的高低起伏与理论计算相反,说明制备的膜厚比值与理论还有一定的差别. 图 4 - 6 给出了 Mo/Y 宽带多层膜的 XRD 测试与计算曲线,在计算过程中假设界面为理想的,在图中也给出了膜层厚度的分布曲线. 通过比较可以发现,测试与计算曲线的趋势一致,验证了薄膜沉积速率的标定准确.

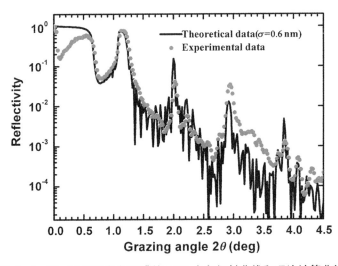

图 4 - 5　Mo/Si 非周期多层膜的 XRD 小角衍射曲线和理论计算曲线

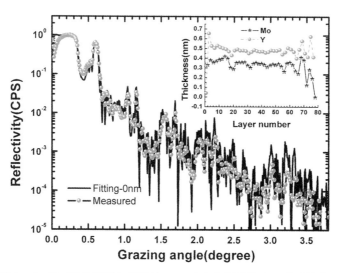

图 4-6　Mo/Y 非周期多层膜的 XRD 小角衍射曲线和理论计算曲线

4.3　NSRL 反射率测试结果

国家同步辐射实验室(NSRL)的反射率计,只能测试多层膜偏振光学元件的反射率或透射率测试,不能够测试多层膜的偏振特性. 但可以通过测试的反射率结果,得到相应的峰值位置、带宽等信息. 通过对测试结果的拟合分析,还可以得到多层膜的结构参数以及相应的薄膜间粗糙扩散等信息,因此成为间接表征多层膜偏振光学元件的一种辅助手段.

图 4-7 给出了宽带多层膜起偏器在 NSRL 和 BESSY II 的测试曲线,从图中可以看出,在两个实验站测得的反射率曲线带宽基本一致,在波长 15 nm 到 17 nm 之间,测试的反射率 R 为 21%,R_s 值为 37%,R_p 接近零. 反射率 R 介于 R_s 与 R_p 之间,如果知道 BESSY II 实验站的光源偏振度,则可以根据反射率公式 $R = R_s \times P + R_p \times (1-P)$ 来估算在

NSRL 实验站该波段的偏振度. 如果两种偏振光的偏振分量相同, 则偏振度 $P=0.5$, 此时反射率表示为 $R=(R_s+R_p)/2$. 图 4-7 中掠入射角为 $50°$, 因此在非正入射条件下测试的反射率与光源的偏振度密切相关. 从图中还可以看出在该波段所得到的宽带偏振元件的反射率曲线比较平坦.

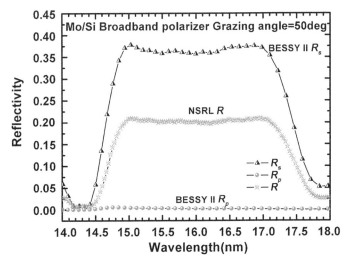

图 4-7　Mo/Si 非周期宽带多层膜在 NSRL 和 BESSY II 的测试曲线

图 4-8 给出了宽角多层膜起偏器在不同波长处测试的角度扫描曲线, 在波长 13 nm 处的宽角范围为 $45°\sim49°$, 反射率接近 40%. 在波长 16 nm 处, 宽角范围为 $60°\sim66°$, 峰值反射率曲线比较平坦. 根据 Bragg 公式, 在周期厚度不变时, 波长与掠入射角成正比, 实验曲线在波长增加时, 宽角范围向大角偏移, 这与 Bragg 公式相一致. 在 BESSY 同步辐射测试的样品, 之前都在 NSRL 测试过反射率特性.

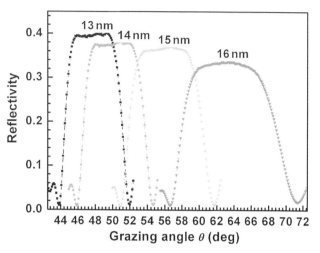

图 4 - 8　Mo/Si 非周期宽角多层膜在 NSRL 的测试曲线

4.4　BSRF 偏振测试结果

北京同步辐射装置(BSRF)的偏振计是目前国内唯一可以对极紫外与软 X 射线波段的偏振元件进行表征的装置. 通过旋转样品的方位角, 可以测试偏振光的 R_s 和 R_p 反射率. 将宽带和宽角样品在该装置进行表征, 根据测试的偏振结果可以计算得出相应的偏振度 $P = (R_s - R_p)/(R_s + R_p)$.

图 4 - 9 的宽带偏振元件在掠入射角 40°时的反射信号曲线, 测试结果没有经过直通光修正, 只给出测试的信号强度. 宽带波长范围为 14 nm 到 16 nm, 对应的偏振度由 14 nm 处的 86% 增加到 16 nm 处的 97%. 图 4 - 10 给出了宽角起偏器的测试曲线, 测试的波长为 13.0 nm, 掠入射角度范围为 45°~49°, 偏振度由 97% 降到 82%.

图 4 - 11 给出的是 Cr/C 多层膜的测量结果. 入射光波长为 6 nm,

多层膜周期数为 100,起偏器周期厚度为 4.431 nm,检偏器周期厚度为 4.35 nm;起偏器掠入射角 45.2°,检偏器掠入射角 43.2°;测试该波长处同步辐射光源的偏振度 $P=99.5\%$.

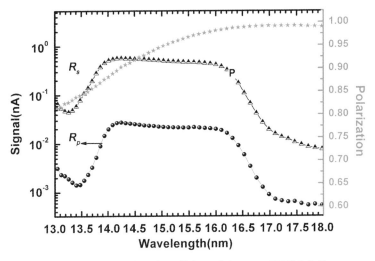

图 4‑9 Mo/Si 非周期宽带多层膜在 BSRF 的测试曲线

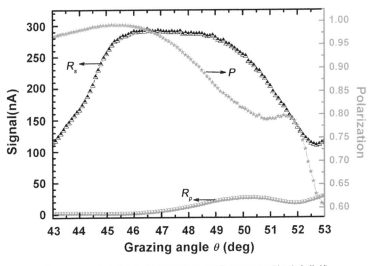

图 4‑10 Mo/Si 非周期宽角多层膜在 BSRF 的测试曲线

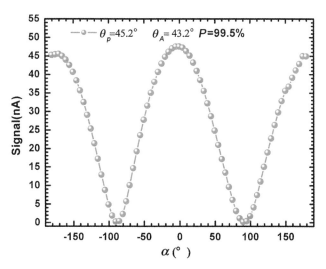

**图 4‑11　利用 BSRF 偏振装置测试的 Cr/C 多层膜信号
强度关于起偏器方位角的关系曲线**

4.5　BESSY 偏振测试结果

4.5.1　反射式周期多层膜偏振元件测试结果

对反射式周期多层膜偏振元件的表征主要测试其 s 偏振分量和 p
偏振分量的反射率,测试又分为波长扫描和角度扫描. 如图 4‑12 所
示周期数为 80 的 Cr/C 多层膜起偏器在固定波长为 6.12 nm 时,进行
角度扫描测试的偏振特性曲线. 通过引入粗糙度因子,利用 Fresnel 公
式进行迭代计算,使用 Leverberg-Marquart 优化算法进行拟合分析,拟
合曲线和拟合参数也包括在图 4‑12 中. 得到样品的周期厚度为 $d=$
4.44 nm,C 层占周期厚度的比率 $\Gamma=0.541$,最上层 C 的表面粗糙度为
0.3 nm,C 与 Cr 层间的粗糙度为 0.56 nm,Cr 与 C 层间的粗糙度为
0.42 nm,最底层的 Cr 与基片的粗糙度为 0.4 nm. 在峰值位置 45°时,测

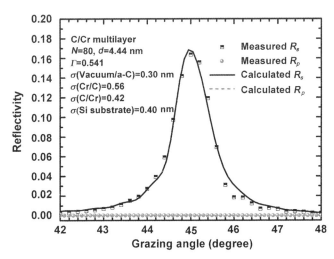

图 4-12　Cr/C 多层膜在 BESSY II 测试和拟合的反射率关于角度的关系曲线

试的 $R_s=16.63\%$，$R_p=0.000\,12$，对应的偏振效率 $P=99.86\%$.

　　如图 4-13 所示为对应的波长扫描测试曲线，把上面拟合得到的膜层结构进行计算与测试数据进行比较，计算结果与测试结果相一致，进一步验证了拟合结果的合理性. 虽然在中心波长处，R_s 与 R_p 同时达到

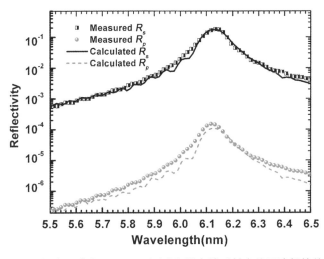

图 4-13　Cr/C 多层膜在 BESSY II 测试和拟合的反射率关于波长的关系曲线

最大值,由于两者相差近三个数量级,因此仍能得到较高的偏振度.

根据 Bragg 定律,当改变入射波长或者入射角度,对应的峰值角度或波长也要随着发生变化.图 4 - 14 给出了 Cr/C 在不同掠入射角度:$40°,45°$ 和 $50°$ 反射率 R_s 关于波长的测试与计算曲线,随着入射角的增加,中心波长向长波方向漂移,反射率 R_s 逐渐降低.图 4 - 15 分别给出了 Cr/C 在不同入射波长 5.58 nm,6.12 nm 和 6.63 nm 时反射率 R_s 关于掠入射角的测试与计算曲线,随着入射波长的增加,角度峰值也向大角度方向移动,反射率 R_s 逐渐降低,反射率的计算值与测试值相一致.

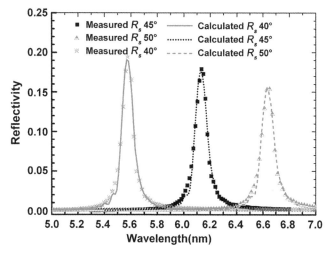

图 4 - 14　Cr/C 多层膜在 BESSY II 测试及拟合的反射率 R_s 在不同入射角下与波长的关系曲线

图 4 - 16 为对应的 La/B$_4$C 反射式周期多层膜起偏器在固定掠入射角度 45.8° 时波长扫描曲线.多层膜的周期数为 $N=60$,周期厚度 $d=5.16$ nm,B$_4$C 膜所占的厚度比率为 0.561,相应的界面粗糙度分别为 0.7 nm 和 1.3 nm.如上所述,通过拟合分析可以得到相应的粗糙度和膜层厚度等参数.在中心波长 7.2 nm 处,测试的 $R_s=18.7\%$,$R_p=6.8\times10^{-5}$,对应的偏振效率接近 100%.图 4 - 17 为对应的 La/B$_4$C 反

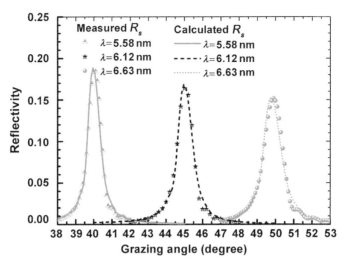

图 4-15   Cr/C 多层膜测试及拟合的反射率 R_s 在不同
波长时关于角度的关系曲线

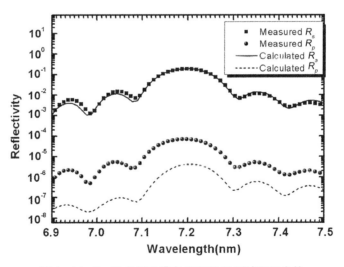

图 4-16   La/B$_4$C 多层膜在 BESSY II 测试和拟合的
反射率关于波长的关系曲线

射式周期多层膜起偏器在固定波长 7.2 nm 时关于角度扫描时测试与计
算曲线,计算的 s 分量和 p 分量反射率与测试曲线相一致.

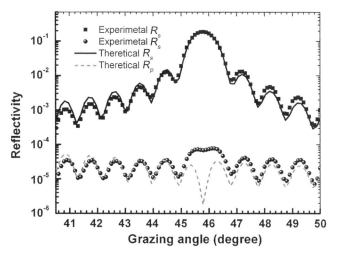

图 4‑17　La/B$_4$C 多层膜在 BESSY II 测试和拟合的
反射率关于角度的关系曲线

图 4‑18 为对应的 Mo/Y 反射式周期多层膜起偏器在固定掠入射
角度 46.1°时波长扫描测试曲线. 如上所述,同样通过拟合分析可以得到
相应的粗糙度和膜层厚度等参数. 在中心波长 9.1 nm 处,测试的$R_s=$
29.1%,$R_p=3.3\times10^{-5}$,对应的偏振效率接近 100%. 图 4‑19 为对应

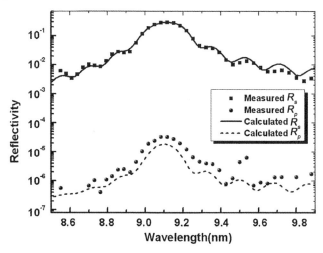

图 4‑18　Mo/Y 多层膜在 BESSY II 测试和拟合的
反射率关于波长的关系曲线

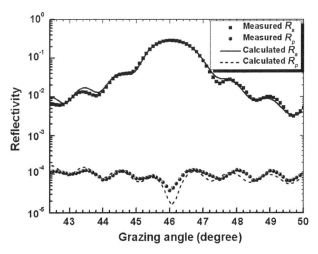

图 4-19　Mo/Y 多层膜在 BESSY II 测试和拟合的
反射率关于角度的关系曲线

的 Mo/Y 反射式周期多层膜起偏器在固定波长 9.1 nm 时角度扫描测
试与计算曲线,计算得到数据与测试曲线相吻合.

　　上面只给出了 Cr/C,La/B₄C 和 Mo/Y 三种材料组合对应的测试
与拟合结果,这些样品的设计与测试与对应 Mo/Si,Cr/Sc 样品的结果
都列在了表 4-2 中,对应的反射率和偏振效率(用 R_s/R_p 表示)总结
在图 4-20 中. 这样在不同的波段,根据材料的物理化学特性,选择合
适的材料组合进行优化设计,并进行制备和测试分析,偏振性能满足
偏振实验的指标,为极紫外到软 X 射线波段的提供了可实用的偏振
元件.

表 4-2　根据多层膜的同步辐射曲线,得到的 Mo/Si,Mo/Y,La/B₄C,Cr/C,
Sc/Cr 多层膜结构参数(厚度、反射率和偏振效率)

Material A/B	λ (nm)	N	θ (°)	Design d A/B (nm)	Design (%) R_s	R_s/R_p	Measurement (%) R_s	R_s/R_p
Mo/Si	13.0	25	47.0	3.81/5.41	74.8	4 350	53.3	1 560
Mo/Y	9.1	60	46.1	2.79/3.72	42.6	13 690	29.1	8 956

续　表

Material A/B	λ (nm)	N	θ (°)	Design d A/B (nm)	Design (%) R_s	Design (%) R_s/R_p	Measurement (%) R_s	Measurement (%) R_s/R_p
La/B₁C	7.2	50	45.8	2.32/2.82	50.4	68 445	18.7	2 489
Cr/C	6.6	80	45.8	1.45/3.24	29.1	12 724	15.3	40
Cr/Sc	3.1	150	45.1	1.29/0.91	21.6	58 020	3.0	63

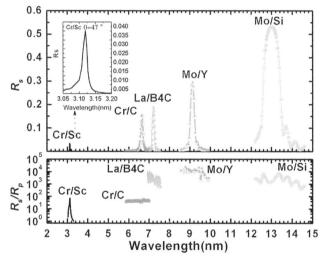

图 4-20　Mo/Si,Mo/Y,La/B₄C,Cr/C,Sc/Cr 多层膜在 BESSY II 测试的反射率在准布儒斯特角时关于波长的关系曲线

4.5.2　透射式周期多层膜偏振元件测试结果

反射式多层膜偏振元件在使用过程中会改变光路方向,可使用透射式多层膜来代替反射多层膜作为起偏器.由于自支撑多层膜透射元件的制备工艺要求高,制作困难,因此在设计透射式起偏器时,选择厚度为 100 nm 的 Si₃N₄ 作为衬底,在上面制备了 Mo/Si 和 Mo/Y 多层膜,测试结果如图 4-21 和图 4-22 所示.对 Mo/Si 多层膜分别在 13.05 nm 和 14.0 nm 波长处进行了角度扫描,得到起偏角度 45°时的光通量 T_p 大约

10%,抑制比 T_p/T_s 大于 10. Mo/Si 透射式多层膜起偏器还在固定角度 45°和 46°进行了波长扫描,透射率曲线变化趋势与 Bragg 公式相符合.

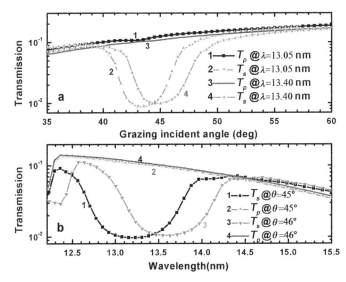

图 4‐21   Mo/Si 透射式多层膜的测试透过率关于角度(a)和波长(b)的关系曲线

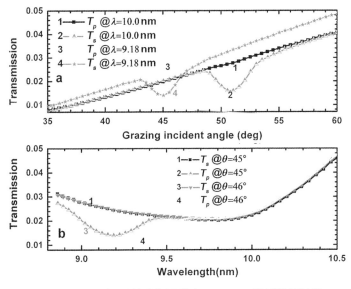

图 4‐22   Mo/Y 透射式多层膜在 BESSY II 测试的透过率
关于角度(a)和波长的关系曲线(b)

在样品制备的过程中,由于衬底非常薄,制备的样品厚度与衬底厚度相当,因此应力控制非常重要.通过工艺参数的摸索,在制备 Mo/Si 时,选择应力为 1 000 MPa 的 Si_3N_4 衬底,而在制备 Mo/Y 时,选择应力为 100 MPa 的 Si_3N_4 衬底.然而,由于 Si_3N_4 衬底中 Si 在 12.4 nm 处有 L 吸收边,在 6～12.4 nm 范围内,Si_3N_4 衬底的透过率比较低,因此制备的 Mo/Y 透射式起偏器的光通量较 Mo/Si 低.如图 4 - 22 所示,T_p 与 T_s 非常接近,因此为提高抑制比 T_p/T_s,必须增加多层膜的周期数,这样不仅会牺牲光通量,膜层数的增加还会给制备带来困难,因此,要想实现实用的 Mo/Y 透射式多层膜起偏器,今后必须探索自支撑透射偏振元件的制备工艺.

4.5.3　反射式 Mo/Si 非周期多层膜偏振元件测试结果

本书设计了三种不同带宽的反射式 Mo/Si 非周期多层膜偏振元件[64]:(a) 15～17 nm,(b) 14～18 nm,(c) 13～19 nm,设计的角度均为掠入射角 50°,对应的周期数、反射率 R_s,R_p 和偏振效率 P 理论计算值和测试值均列在表 4 - 3 中.这些样品利用 BESSY II 同步辐射实验室中的偏振装置进行测试,测量的反射率以及偏振效率与理论计算结果如图 4 - 23 和图 4 - 24 所示.对应样品(a)反射率测试平均值为 36.6%,偏振度高达 98.7%,对应样品(b)反射率测试平均值为 21.1%,平均偏振度为 98.6%,对应样品(c)反射率测试平均值为 18.2%,平均偏振度为 98.0%,从图中可以明显看出,实验结果的带宽范围基本与理论设计相符,由于在设计过程中并没有考虑粗糙度因子,因此测试值均低于理论设计结果;测试反射率的不平坦性主要由膜层间的相互扩散以及制备过程中膜厚控制误差所致.多层膜的反射率随带宽的增加而减小,因此要想获得宽带的多层膜样品,必须牺牲反射率.这些实验结果也进一步验证了利用非周期多层膜来实现宽带偏振元件的可行性.

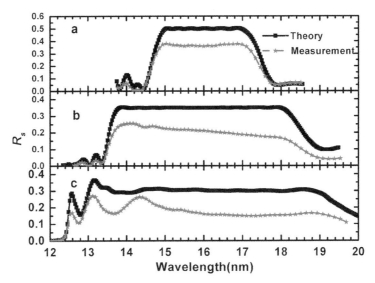

图 4‐23 Mo/Si 多层膜宽带起偏器的理论设计
和测试的反射率 R_s 关于波长曲线

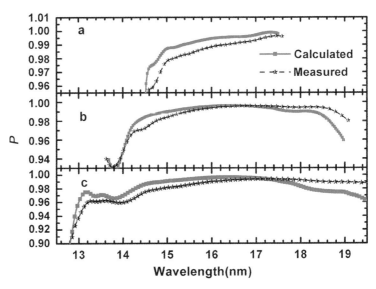

图 4‐24 Mo/Si 多层膜宽带起偏器的理论设计
和测试的偏振度 P 关于波长曲线

表 4-3　Mo/Si 宽带起偏器的设计参数以及测试得到的反射率和偏振参数

设计波长	周期数	R_s 平均值（%）		R_p 平均值（%）		P 平均值	
		理论值	测试值	理论值	测试值	理论值	测试值
(a) 15～17 nm	33	50.0±0.2	36.6±0.7	0.17±0.07	0.24±0.08	0.993	0.987
(b) 14～18 nm	31	35.0±0.1	21.1±2.5	0.18±0.14	0.16±0.16	0.990	0.986
(c) 13～19 nm	30	30.4±1.2	18.2±3.6	0.24±0.16	0.20±0.16	0.985	0.980

为进一步研究非周期宽带多层膜偏振元件的特性,将样品(a)在不同入射角度:50°,48°和 45°进行波长扫描和固定波长:16.5 nm,15.5 nm 和 14.6 nm 进行角度扫描,测试结果如图 4-25 和图 4-26 所示.由图 4-25 可知,该宽带多层膜偏振元件在偏离设计角度附近仍然具有宽带特性,随着入射角的变小,宽带区间向短波长处移动,还具有较高的反射率和偏振效率.根据 Bragg 定律,当样品具有宽带特性、波长固定时,也具有宽角特性.图 4-26 进一步验证了这个规律.这样的宽角起

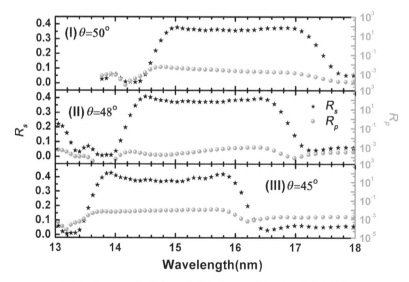

图 4-25　Mo/Si 多层膜宽带起偏器样品(a)的测试反射率
R_s,R_p 在不同入射角时关于波长曲线

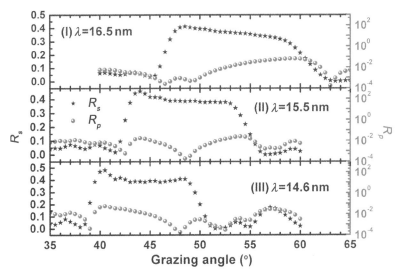

图 4-26 Mo/Si 多层膜宽带起偏器样品（a）的测试反射率
R_s，R_p 在不同波长时关于入射角曲线

偏器可用作一些特殊的聚焦偏振系统，在常规的偏振测量系统中，宽角起偏器可以减小装置的装调难度.

　　测试得到的反射率曲线不像设计曲线那样平直，同时测试结果低于理论设计值，这主要是由于多层膜界面间的粗糙和扩散以及在制备过程中膜厚的控制误差造成. 为进一步分析薄膜的结构特性，仍以上面讨论的 Mo/Si 多层膜宽带起偏器样品（a）为例，对其反射率进行拟合，通过拟合得到多层膜制备的厚度参数与膜层间的粗糙度因子.

　　在拟合中的评价函数与宽带起偏器的设计评价函数一致，只是把对应的目标反射率改成了测试反射率. 在拟合过程中，考虑三方面的因素：① 使拟合结果尽可能与测试结果相一致，包括测试的 s 和 p 分量反射率；② 拟合的厚度应与理论设计厚度变化趋势相吻合；③ 拟合的粗糙度应与实际薄膜的粗糙特性相对应. 由于测试的 s 分量反射率 R_s 远大于 p 分量的反射率 R_p，因此在拟合过程中应在满足 R_s 拟合一致的情况下，再使 R_p 拟合分量更接近测试值.

由于在实际制备过程中,薄膜的制备工艺比较稳定,通过标定的速率,制备的厚度不应与理论设计相差很大,因此在拟合时可以对拟合厚度进行约束.另外粗糙度对拟合曲线的高低非常敏感,如果拟合的粗糙度值与实际相差非常大,则拟合结果一般都很差,即使有时拟合结果与测试结果相一致,相应的拟合厚度与测试厚度之间的相差也很大.

通过综合考虑以上三方面的因素,对样品(a)进行拟合[65],拟合的反射率结果如图 4 - 27 所示.可以看到拟合的 R_s 值与测试的 R_s 值基本重合,同时相应的 R_p 值的变换趋势也与测试值相一致,只是比测试值要小.这里分析有两方面的原因:① 在拟合过程中所使用的光学常数来自网站 www.cxro.lbl.gov 的网站[66],制备样品的光学常数与网站公布的光学常数有差异,从而导致计算值与理论值不一致;② 样品制备一段时间,在测试前样品表面的污染和氧化因素没有考虑进去,也会造成拟合误差,这些分析会在今后的实验中进行验证.

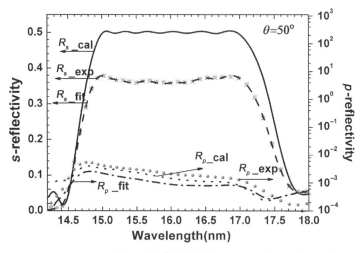

图 4 - 27　Mo/Si 多层膜宽带起偏器样品(a)设计、测试和拟合得到的反射率 R_s,R_p 与波长的关系曲线

对应拟合的厚度结果如图 4‑28 所示,可以看到拟合的厚度与理论计算厚度基本一致,只是对应最上层和最下层几层薄膜厚度相差较大.这主要是由于在样品刚开始制备时,等离子体不稳定,造成初始薄膜的溅射速率不稳定,而随着溅射时间的增加,溅射速率逐步趋向稳定,但随着镀膜时间的增加,在靶材表面沉积靶材碎屑污染也会增加,导致靠近空气的最上几层薄膜厚度与预期厚度有差异.从厚度拟合结果也可以看出,在薄膜沉积时标定的速率与薄膜沉积的实际速率相差不大.因此,通过拟合分析,可以判断实验的工艺参数情况.在拟合过程中,得到的界面间的粗糙度为 1.05 nm,这时假设在 Mo 和 Si 界面之间的粗糙度与 Si 和 Mo 之间的粗糙度相一致.由于宽带多层膜样品是非周期结构,没有考虑不同膜厚对多层膜粗糙度造成的影响,虽然这种拟合模型比较简单,但从拟合结果可以看出 Mo/Si 界面间的粗糙度和扩散还是比较大,因此在今后的实验过程中,还要进一步优化实验工艺参数,减小粗糙度来提高多层膜起偏器的光通量.

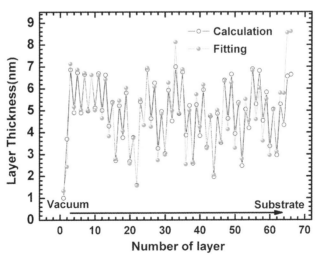

图 4‑28 Mo/Si 多层膜宽带起偏器样品(a)理论设计与拟合得到的厚度关于膜层数的关系曲线

　　上面讨论了 Mo/Si 多层膜宽带起偏器样品的制备与检测结果,在某些偏振实验中,需要偏振元件具有宽角特性,因此本书也设计制备了 Mo/Si 多层膜宽角起偏器样品[67],对应设计结果与实验结果如图4-29所示,设计的波长为 13 nm,设计角度为掠入射角 45°~49°,峰值反射率为 65%. 在设计时同样也没有考虑粗糙度. 测试结果的带宽范围与理论实际一致,对应的反射率低于目标反射率,但是测试对应的偏振度 P 高于理论计算值,这主要是由于测试得到的反射率 R_p 也非常小,所以计算得到的偏振比较高. 同时在测试过程中还要考虑光源偏振特性对表征多层膜的偏振结果的影响,对应的测试和理论计算结果总结在表4-4中. 测试的偏振高达 99.99%.

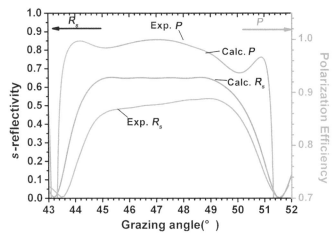

图 4-29　Mo/Si 多层膜宽角起偏器在 BESSY II 测试的反射率 R_s,R_p 与掠入射角的关系曲线

表 4-4　Mo/Si 多层膜宽角起偏器的设计参数以及在 BESSY II 测试得到的反射率和偏振参数

45°~49°	R_s 平均值	R_s 均方根	R_p 平均值	R_p 均方根	P 平均值	P 均方根
理论	0.649 87	0.001 77	0.002 89	0.002 33	0.991 16	0.007 11
实验	0.506 55	0.023 1	2.63E-05	1.14E-05	0.999 9	4.09E-05

4.5.4 反射式 Mo/Y 非周期多层膜偏振元件测试结果

由于 Si 的 L 吸收边为 12.4 nm,所以 Mo/Si 材料组合只能用在高于 Si 的 L 吸收边的波段. 而在 8~12 nm 波长范围,Mo/Y 是非常好的材料组合,两种材料之间相互扩散小,组成的薄膜质量高,在该波段研制了正入射多层膜高反射镜. 在太阳谱线中有 Fe 的 XVIII 线波长为 9.4 nm,如果利用偏振计对该谱线进行偏振分析可以得到太阳活动的一些信息,因此研制该波段的偏振元件具有重要意义. 目前得到的波长为 8 nm 的周期多层膜起偏器的反射率 $R_s = 29.3\%$,$R_p = 0.75\%$,对应的带宽约为 0.2 nm. 为扩展起偏器的带宽范围,设计制备了相应的 Mo/Y 宽带多层膜起偏器[68]. 制备了两块宽带多层膜起偏器(A):8.5~10.0 nm,(B):9.3~11.7 nm 和一块周期多层膜起偏器(C):设计波长为 9.1 nm. 设计的反射率和偏振度如图 4 - 30 所示,宽带起偏器的目标

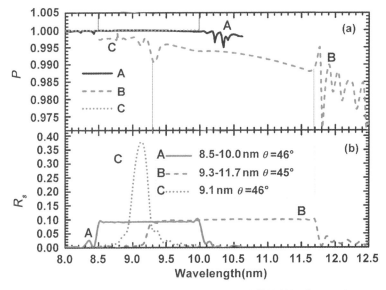

图 4 - 30　Mo/Y 多层膜宽带起偏器理论计算的偏振度 P(a)和
反射率 R_s(b)与波长的关系曲线

反射率为 10%,周期多层膜起偏器的目标反射率为 38%,设计角度为 46°(A,C)和 45°(B).

对应非周期多层膜的厚度如图 4‐31 所示,A 和 B 样品的周期数均为 100,对样品 A 的厚度分布曲线振荡不大,大部分厚度在 1~5 nm 范围内,这样的厚度参数对样品的制备工艺要求不高.对样品 B,在 1~140 层之间,厚度变化不大,分布在 1~5 nm 之间,而在 141~200 层区间,厚度曲线振荡很大,因此样品 B 的厚度要求样品在制备时,对多层膜的溅射速率要精确标定.对周期多层膜样品 C,Y 和 Mo 层的厚度分别 2.8 nm 和 3.8 nm,周期为 50.

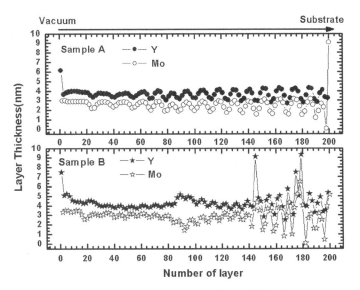

图 4‐31 在图 4‐30 中 Mo/Y 多层膜宽带起偏器样品 A 和 B 理论计算的 Mo 和 Y 厚度分布曲线

测试结果如图 4‐32 所示,同时测试结果与理论结果列在表 4‐5 中.测试结果与理论值相吻合,测试的反射率 R_s 对应样品 A 和 B 分别为 5.5% 和 6.1%,样品 A 的反射率为 28.74%.反射率的降低与不平坦性与对 Mo/Si 多层膜所分析结果相同.从图 4‐32 可以看出,周期多层膜 C 的带宽范围仅为 0.23 nm,非周期多层膜样品 A 和 B 的带宽分别展宽了 7 倍(1.6 nm)和 11 倍(2.6 nm). A 和 B 偏振度分别为 98%和 96%.

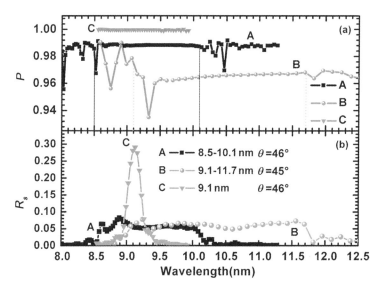

图 4‑32　Mo/Y 多层膜宽带起偏器测试的偏振度 P(a)和
反射率 R_s(b)与波长的关系曲线

表 4‑5　Mo/Y 多层膜起偏器的设计参数以及在 BESSY II 测试得到的
反射率和偏振参数

样品	周期数	掠入射角	带宽范围	平均 R_s(%)	平均 P
A 设计	100	46°	8.5～10 nm	9.3±0.2	99.98±0.01
A 测试			8.5～10.1 nm	5.5±1.4	98.79±0.32
B 设计	100	45°	9.3～11.7 nm	9.9±0.3	99.26±0.22
B 测试			9.1～11.7 nm	6.1±0.7	96.48±0.70
C 设计	50	46°	8.99～9.24 nm	38.00	99.99±0.01
C 测试			8.99～9.22 nm	28.74	99.98±0.01

根据 Bragg 方程,对宽带多层膜样品在固定波长扫描时,也具有宽

角特性. 将上面样品分别在 9.4 nm，8.3 nm 和 9.1 nm 进行角度扫描，如图 4-33 所示. 多层膜反射率 R_s 曲线的振荡较大，宽角范围对应样品 A 和 B 分别为 $41°\sim50°$ 和 $38°\sim52°$. 而对周期多层膜的角宽度仅为 $1.6°$，样品 B 角度带宽约为 A 的 9 倍，对应偏振度平均值为 83%.

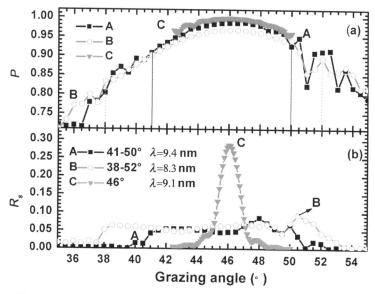

图 4-33　Mo/Y 多层膜宽角起偏器测试的偏振度 P(a)反射率 R_s(b)

在波长 11~13 nm 波段，从理论计算上可以得出 Mo/Be 是非常好的材料组合，具有较高的反射率，但是由于 Be 具有毒性，因此限制了其广泛使用. 虽然 Mo/Y 的反射率比 Mo/Be 要低，但是其相对稳定的特性和较高的成膜质量，可以用来代替 Mo/Be 材料组合. 设计制备了11~13 nm 波段 Mo/Y 宽带多层膜起偏器[69]，设计工作角度为 47°，理论设计反射率 $R_{s_1} \approx 19\%$ 和偏振度 $P_1 \approx 100\%$.

根据上面 Mo/Si 宽带多层膜起偏器的拟合方法，对 Mo/Y 多层膜宽带起偏器的测试反射率进行拟合，拟合的粗糙度为 1.0 nm. 对应理论计算、测试和拟合的偏振度 P(a)和反射率 R_s(b)与波长的关系曲线如图

4-34所示,对应的拟合厚度和理论计算厚度值如图4-35所示,每层膜的厚度范围为 1.2~6.5 nm,拟合厚度与理论计算厚度相一致.测试得到的反射率平均值为 10.4%,带宽范围为 2 nm,而对应该波段的周期多

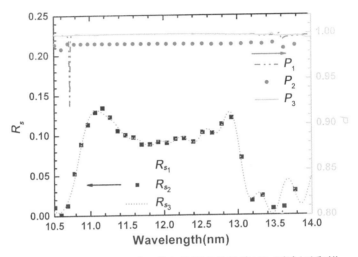

图 4-34 Mo/Y 多层膜宽带起偏器理论计算(1),测试(2)和拟合(3)的偏振度 P 和反射率 R_s 与波长的关系曲线

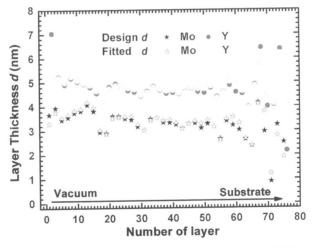

图 4-35 Mo/Y 多层膜宽带起偏器样品在 47°时,理论设计与拟合得到的厚度关于膜层数的关系曲线

层膜偏振元件的带宽仅为 0.4 nm,因此非周期 Mo/Y 起偏器的带宽扩展了 4 倍.对应拟合反射率与测试结果相吻合,拟合的偏振度高于测试值,这些结果与上述关于 Mo/Si 多层膜拟合结果的分析讨论相一致.

该 Mo/Y 多层膜宽带起偏器样品还在 45°进行了波长扫描,测试结果如图 4-36 所示,同样具有 2 nm 的带宽范围和 98% 的偏振度.将上述拟合拟合的厚度和粗糙度参数带入 Fresnel 公式计算了在 45°时关于波长的偏振特性,计算结果也放在图 4-36 中进行比较,发现 R_s 曲线基本重合,这也进一步验证了上述拟合结果的合理性.此外,根据上面关于 Mo/Si 多层膜的讨论,宽带多层膜也具有宽角特性,该样品还固定在 11.8 nm 和 11.2 nm 时进行角度扫描测试.与利用上述拟合参数计算得到的偏振度 P 和反射率 R_s 曲线如图 4-37 所示.

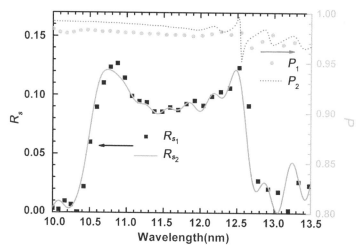

图 4-36　Mo/Y 多层膜宽带起偏器样品在 45°时,测试的(1)与计算(2)得到的偏振度 P 和反射率 R_s 与波长的关系曲线

计算与测试的 R_s 反射率曲线相吻合,只是测试的偏振度略低于理论计算的偏振度,相应的误差原因如上面对 Mo/Si 材料所讨论原因相同.关于波长和角度扫描的测试结果进行总结,如表 4-6 所示.

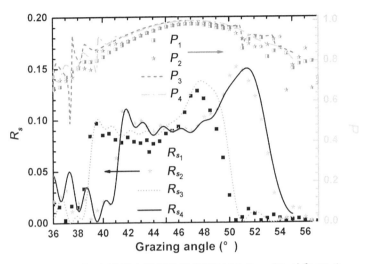

图 4-37 Mo/Y 多层膜宽带起偏器样品在 11.8 nm(2,4)和 11.2 nm (1,3)时测试的(1,2)与利用上述拟合参数计算(3,4)得到的偏振度 P 和反射率 R_s 与角度的关系曲线

表 4-6 在 11~13 nm 带宽范围内 Mo/Y 宽带起偏器的设计参数与测试偏振性能

波长(nm)	掠入射角(°)	平均 R_s(%)	平均 P(%)
10.9~12.9	47.0	10.4±1.5	98.89±0.04
10.6~12.6	45.0	10.0±1.3	97.98±0.16
11.8	41.5~52.5	10.8±2.0	94.33±4.06
11.2	39.0~49.0	9.2±1.6	92.32±6.37

综上所述,利用 Mo/Y 多层膜可以实现 8~13 nm 波段宽带起偏器,实验结果与理论设计结果相吻合.通过拟合分析得到 Mo/Y 的界面粗糙度为 1.0 nm,在今后工作中会进一步展开相应的改善薄膜质量的研究.

4.5.5 透射式 Mo/Si 非周期多层膜偏振元件测试结果与分析

描述光波偏振态有多种方法,使用斯托克斯参量来表示单色光偏振态是其中常用的一种[70-72]. 对偏振光的电场矢量可以分解成相互正交的 E_s 分量和 E_p 分量,其中 E_s 垂直于入射平面,E_p 平行于入射平面.

$$E_{s,p}(z,t) = E_{s,p}^0 \exp[\mathrm{i}(\omega t - kz + \varphi_{s,p})] \qquad (4-2)$$

其中,电场沿 z 方向传播,频率为 ω, 时间为 t,波矢为 k,位相为 $\varphi_{s,p}$.

在实验中可以测量的量为反射率、透射率和位相差,这些参量的计算如式(2-6)、式(2-7)和式(2-10)所示,光的偏振可以用斯托克斯参量 $S=(S_0,S_1,S_2,S_3)$ 来表示,这些参量均可用电场 E_s 分量和 E_p 分量来表达:

$$S_0 = [(E_p^0)^2 + (E_s^0)^2]/2;\ S_1 = [(E_p^0)^2 - (E_s^0)^2]/2$$
$$S_2 = E_p^0 E_s^0 \cos(\varphi_p - \varphi_s);\ S_3 = E_p^0 E_s^0 \sin(\varphi_p - \varphi_s) \qquad (4-3)$$

其中,参数 S_0 为总光强度,S_1 为 p 分量和 s 分量的光强差,S_2 的正、负表示 $+\dfrac{1}{4}\pi$、$\left(-\dfrac{1}{4}\pi\right)$ 线偏振分量较强,S_3 的正、负或零表示波是右旋偏振态、左旋偏振态或两个偏振态的强度一样.

总偏振度 P_T 定义为

$$P_T = [(S_1^2 + S_2^2 + S_3^2)/S_0^2]^{1/2} \leqslant 1 \qquad (4-4)$$

$$S_0^2 = S_1^2 + S_2^2 + S_3^2 \qquad (4-5)$$

对于部分偏振光,$S_0^2 > S_1^2 + S_2^2 + S_3^2$,对于自然光 $S_1 = S_2 = S_3 = 0$,通过光学元件(相移片、起偏器和检偏器)可以控制光束的偏振态,起偏器使电场的两个正交分量(E_s,E_p)之间产生位相延迟,检偏器只反射两个分量中的一个分量(E_s),偏振测量需要沿入射光方向独立地旋转两个元件以便得到经第一个光学元件(起偏器)改变的光,再经第二个光学元件(检偏器)检测不同的偏振状态.

光与光学元件的相互作用可以用米勒矩阵 M 来描述：

$$M = \begin{bmatrix} 1 & -\cos 2\Psi & 0 & 0 \\ -\cos 2\Psi & 1 & 0 & 0 \\ 0 & 0 & \sin 2\Psi \cos(\delta_p - \delta_s) & \sin 2\Psi \sin(\delta_p - \delta_s) \\ 0 & 0 & -\sin 2\Psi \sin(\delta_p - \delta_s) & \sin 2\Psi \cos(\delta_p - \delta_s) \end{bmatrix}$$

$$(4-6)$$

这里 $\tan\Psi = T_p/T_s$（透射光学元件），或者 $\tan\Psi = R_p/R_s$（反射光学元件），$\delta_p - \delta_s$ 为相移，对于四分之一波带片，$\Delta = 90°$，$2\Psi = 90°$，对应 $T_s = T_p$；同理，对于理想的检偏器 R_p 为 0，对应 $\Psi = 0°$，$\Delta = 0°$，这时米勒矩阵可以得到非常简单的表达形式.

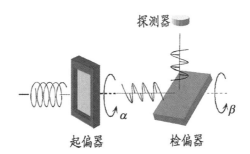

图 4 - 38　偏振测量装置示意图：透射式起偏器，反射式
检偏器，透射强度可由探测器测量

如图 4 - 38 所示，斯托克斯矢量可以沿光轴方向通过独立旋转起偏器和检偏器的角度来测量，旋转的角度分别为 α, β，对于坐标变换的方位角旋转可用旋转矩阵来表示：

$$R(\alpha, \beta) = \begin{bmatrix} 1 & 0 & 0 & 0 \\ 0 & \cos 2(\alpha, \beta) & \sin 2(\alpha, \beta) & 0 \\ 0 & -\sin 2(\alpha, \beta) & \cos 2(\alpha, \beta) & 0 \\ 0 & 0 & 0 & 1 \end{bmatrix} \quad (4-7)$$

当光束通过两个光学元件后,其偏振态可以用斯托克斯矢量 S_f 表示,其中斯托克斯矢量由入射光 S_i,米勒矩阵 M_1(起偏器)和 M_2(检偏器)和旋转矩阵 $R(\alpha)$ 和 $R(\beta)$ 共同决定:

$$S_f = R(-\beta)M_2 R(\beta)R(-\alpha)M_1 R(\alpha)S_i \qquad (4-8)$$

透射强度 S_{f0} 可用探测器测量,如公式(4-9)所示,其中,T_s,T_p,R_s 和 R_p 分别为两个偏振元件 s 分量和 p 分量的透射率和反射率,$\tan\psi_1 = T_p/T_s$(对于透射式偏振光学元件),$\tan\psi_2 = R_p/R_s$(对于反射式偏振光学元件),$\Delta_1 = \delta_p - \delta_s$(位相差).

$$S_{f0}(\alpha, \beta) = \frac{1}{2}(T_s + T_p) \cdot \frac{1}{2}(R_s + R_p) \cdot$$

$$\left\{ \begin{array}{l} S_0 + \cos 2\alpha(-S_1 \cos 2\psi_1) + \sin 2\alpha(-S_2 \cos 2\psi_1) \\ + \cos 2\beta[-S_1 \cos 2\psi_2)^{1/2}(1 + \sin 2\psi \cos \Delta_1)] \\ + \cos 2\beta[-S_2 \cos 2\psi_2)^{1/2}(1 + \sin 2\psi \cos \Delta_1)] \\ + \cos 2\alpha \cos 2\beta[+S_0 \cos 2\psi_1 \cos 2\psi_2] \\ + \sin 2\alpha \cos 2\beta[+S_3 \sin 2\psi_1 \cos 2\psi_2 \sin \Delta_1] \\ + \cos 2\alpha \sin 2\beta[-S_3 \sin 2\psi_1 \cos 2\psi_2 \sin \Delta_1] \\ + \sin 2\alpha \sin 2\beta[+S_0 \cos 2\psi_1 \cos 2\psi_2] \\ + \cos 4\alpha \cos 2\beta[-S_1 \cos 2\Psi_2^{1/2}(1 - \sin 2\psi_1 \cos \Delta_1)] \\ + \sin 4\alpha \cos 2\beta[-S_2 \cos 2\Psi_2^{1/2}(1 - \sin 2\psi_1 \cos \Delta_1)] \\ + \cos 4\alpha \sin 2\beta[+S_2 \cos 2\Psi_2^{1/2}(1 - \sin 2\psi_1 \cos \Delta_1)] \\ + \sin 4\alpha \sin 2\beta[-S_1 \cos 2\Psi_2^{1/2}(1 - \sin 2\psi_1 \cos \Delta_1)] \end{array} \right\} \qquad (4-9)$$

在测量时,主要以不同 β 角(如 $0°$,$45°$,$90°$ 和 $135°$)情况下,测试起偏角 α 和入射光能量之间的关系,利用最小二乘法对测试数据进行拟合可得偏振样品的偏振特性参数.改变相移片的方位角角度 α,然后作检偏

器的方位角 β 的角度扫描. 理论上所取的 α 和 β 点越多, 拟合结果越准确. 为提高测试效率, 要尽量减少测试点. 通过对偏振计进行准直, 可以使对应 α 和 $180+\alpha$ 对应的 β 扫描曲线相重合, β 和 $180+\beta$ 对应的 α 扫描曲线相重合, 因此, 在测试时选择 α 点的个数为 4, 分别为 $0°$, $45°$, $90°$, $135°$; β 点个数为 19, 范围为 $0°\sim180°$.

图 4 - 39 为在波长 15 nm, Mo/Si 非周期多层膜宽带相移片与宽带起偏器的全偏振分析测试曲线[73], 其中点为实验测量数据, 实线为根据公式(4 - 9)对实验数据的拟合曲线, 通过拟合可以得到相应的斯托克斯参量, 以及光学元件的透过率与反射率的比值, 最重要的拟合参量是位相差. 相移片和检偏器的入射角分别为 $45°$ 和 $47°$, 对应拟合结果为 $F=16.5\pm0.5$, $P_1=-0.001\pm0.001$, $P_2=-0.089\pm0.002$, $P_3=-0.999\pm0.001$, $\Delta\Phi=38.4°\pm0.2°$, $T_p/T_s=0.910\pm0.001$, $R_p/R_s=0.019\pm0.003$. 其中 F 为比例因子, 定义为 $F=S_0/I_0$, 其中 S_0 为 Stokes 参量,

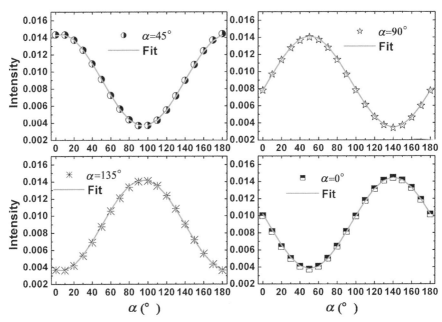

图 4 - 39 Mo/Si 非周期多层膜宽带起偏器样品在波长 15 nm 处的全偏振测试曲线

I_0 为直通光的强度. P_i 为 Stokes-Poincaré 参量,定义 $P_1 = S_1/S_0$, $P_2 = S_2/S_2$, $P_3 = S_3/S_3$. $\Delta\Phi$ 为拟合得到的相移片的位相差.

利用上述拟合分析方法,在固定波长 14.1 nm 时,对相移片进行角度扫描测试,测试得到的位相差与透射率关于角度的曲线如图 4-40 所示,其中粗糙度为 1.0 nm 时理论设计的位相差的数值也包括在图中,与通过测试拟合得到的位相差相比较,两者结果相一致. 拟合得到的透射率 T_p/T_s 与直接测试的 T_p/T_s 相比,除在角度 56°时偏差较大,其他角度时的结果基本吻合. 这主要由于在拟合过程中,当位相差和 P_3 每个分量都很小,或者两个分量都很小时,拟合误差大于 10%. 因此在测试光源的偏振特性时,要使对应的位相差大于 30°,以减小拟合误差. 在 40°~45°的角度范围内,对应的透射率 T_s 和 T_p 在 4%~8% 区间,并且彼此相接近,相应的位相差在 40°附近波动. 可以看出该相移片在固定波长时,还具有宽角特性.

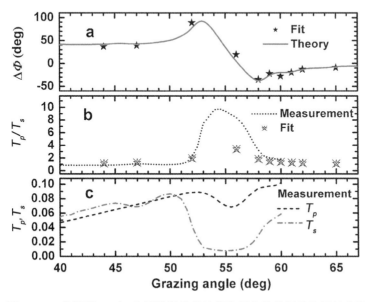

图 4-40　非周期 Mo/Si 多层膜相移片计算和拟合的位相差和透射率比值 T_p/T_s,以及测试透射率 T_p, T_s 关于掠入射角的关系曲线

从上面分析可以看出,在 40°~50°区间,该非周期 Mo/Si 多层膜相移片具有相对大的位相差和较高的光通量,因此固定角度 47°,对该样品进行波长扫描,测试得到的位相差与透射率关于波长的曲线如图 4‐41 所示,其中理论设计的位相差在考虑粗糙度为 0 nm 和 1.0 nm 时的曲线也列在图中,与测试拟合得到的位相差相比较,粗糙度为 1.0 nm 时拟合结果与理论结果相一致,对应的透射率曲线的测试值和拟合值也基本吻合. 这也说明在多层膜制备时,速率标定准,膜厚控制精度高,制备厚度与理论厚度误差小. 根据图 4‐41 的数据进行计算,在波长 13.8 nm 到 15.5 nm 的范围内,位相差的平均值为 41.7°,透射率从 6% 降至 2%. 虽然透射率比较低,但对于具有高光通量的同步辐射光源而言,具有这样的透射率的相移片也是可以使用的.

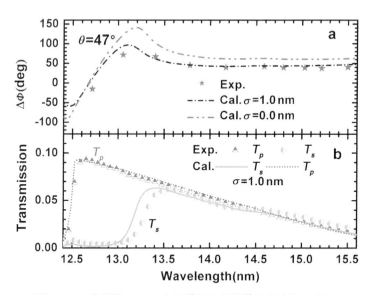

图 4‐41　非周期 Mo/Si 多层膜相移片计算和拟合位相差和
透射率 T_p, T_s 关于波长的关系曲线

该非周期 Mo/Si 多层膜相移片除在角度 47°测试外,还在 54°进行测试,对应的位相差和透射率 T_s 曲线如图 4‐42 所示.随着入射角的变

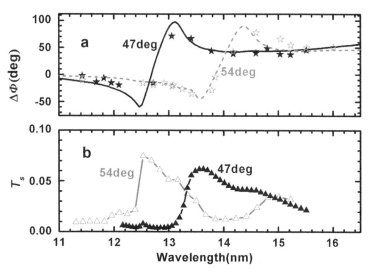

图 4-42　(a) 在掠入射角度为 47°和 54°,测试拟合得到的非周期 Mo/Si 多层膜相移片位相差和(b) 透射率 T_p,T_s 关于波长的关系曲线

大,多层膜的宽带相应特性也向长波长处移动,因此该类型的宽带相移片,在改变入射角度时,可应用于其他波长的偏振测试.

根据测试得到的 Mo/Si 非周期宽带相移片的测试结果,把该相移片与宽带检偏器组合,构成检偏装置,对 BESSY II 同步辐射实验室中 UE56/1-PGM 光束线的 Stokes-Poincaré 参数(P_1,P_2,P_3)在一定波长范围内进行测试,测试结果如图 4-43 所示,发现圆偏振的 Stokes-Poincaré 参数 P_3 接近于 1,线偏振结果为 $P_1 = 0.007 \pm 0.026$,$P_2 = -0.053 \pm 0.005$,因此 12.8~15.5 nm 波段的光源接近于圆偏振光,这与测试光源参数相一致,进一步验证了拟合结果,由于测试过程中,不需要改变相移片和检偏器的入射角度,大大简化了测试过程.

此外,还利用该 Mo/Si 非周期宽带相移片和宽带检偏器组合,构成检偏装置,在波长 13.1 nm,测试了 BESSY II 同步辐射实验室中 UE56/1-PGM 光束线的 Stokes-Poincaré 参数(P_1,P_2,P_3)关于谐荡器轨道偏移的关系曲线,测试结果如图 4-44 所示.在固定波长时,改变谐荡器

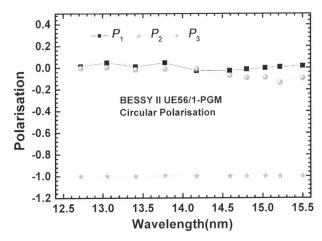

图 4‑43　BESSY II 的 UE56/1‑PGM 光束线的
测试偏振参数与波长的关系曲线

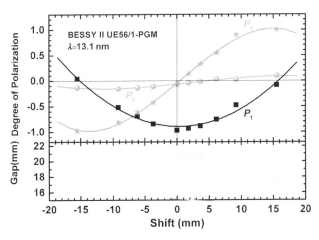

图 4‑44　BESSY II 的 UE56/1‑PGM 光束线测试偏振参数
与谐荡器的轨道偏移的关系曲线

的轨道偏移,必须同时改变相应的轨道间隙值,在图中也列出对应的谐荡器的轨道间隙值. 相移片和检偏的掠入射角分别为 45°和 47°. 在最大的轨道偏移处,同步辐射接近圆偏振,$|P_3|\geqslant 0.94$. 需要注意的是,对应 P_2 分量的测试结果与轨道偏移量并不完全对称,这主要是由于光束线

在装调过程中没有完全准直和光束线的非偏振效应造成的.

4.6　本章小结

使用磁控溅射方法制备了极紫外与软 X 射线偏振光学元件,这些元件利用 X 射线衍射仪、合肥国家同步辐射实验室的反射率计、北京和 BESSYII 同步辐射实验室的偏振计进行表征,测试结果与理论计算结果相吻合.实现了在 8～19 nm 波段的宽带反射式检偏器,在 Si 吸收边以上利用 Mo/Si 多层膜制成宽带相移片,并与宽带检偏器共同组成检偏装置,对 BESSY II 同步辐射光源的偏振特性进行测试,得到的结果与光源本身偏振参数相一致.此外,通过对测试曲线的拟合分析,得到样品的界面粗糙度约为 1.0 nm,这是反射率测试值低于理论值的主要原因.因此在今后的工作过程中,还要对制备工艺进行摸索,以减小膜层之间的粗糙和扩散,制备出高质量的宽带多层膜偏振元件.此外,由于 Si 的 L 吸收边的存在,无法利用 Si_3N_4 衬底来制备可以实用的 Mo/Y 透射偏振元件,因此必须探索自支撑透射多层膜偏振元件的制备工艺,使极紫外与软 X 射线波段的全偏振分析测试扩展到更短波长范围.

第5章

总　结

5.1　主要研究成果

提出软 X 射线与极紫外波段多层膜偏振光学元件的设计准则,使其同时具有高光通量和高偏振度;根据多层膜选材准则,设计并制备 Cr/Sc,Cr/C,La/B_4C,Mo/Y,Mo/Si 等反射式周期多层膜偏振元件以及 Mo/Y 和 Mo/Si 等透射式多层膜偏振元件. 其中,Mo/Si 和 Cr/C 反射式偏振元件成功应用于北京同步辐射实验室新型偏振装置的在线装调以及 3W1B 光束线的偏振特性测试.

将硬 X 射线波段超反射镜的设计方法,首次应用到软 X 射线与极紫外波段宽带和宽角反射式多层膜偏振元件的设计,使用数值分析与局部优化算法相结合,在 6.6~19 nm 波段内选择 La/B_4C,Mo/Y 和 Mo/Si 等材料组合,成功优化设计出具有平直的反射率和高的偏振度的反射式宽带偏振光学元件,在不同波长处选择 Cr/C,Mo/Be 和 Mo/Si 等材料组合优化设计出反射式宽角多层膜偏振元件.

使用磁控溅射镀膜装置,通过探索薄膜制备工艺,精确标定薄膜沉积速率,成功制备出 8~13 nm 波段 Mo/Y 和 13~19 nm 波段 Mo/Si 反射式宽带多层膜偏振元件,以及相应波长处 Mo/Y 和 Mo/Si 反射式宽角多层膜偏振元件;通过 BESSY 同步辐射偏振装置对这些偏振光学元件进行测试表征,测试结果与理论设计相符合.

在 100 nm 厚的 Si_3N_4 衬底上制备了 Mo/Si 非周期宽带透射相移片,通过全偏振分析得到在 13.8~15.5 nm 波段位相差的平均值为 41.7°,使用该相移片与 Mo/Si 宽带反射式检偏器相组合,对 BESSY 同步辐射光源 UE56/1 - PGM 光束线的偏振特性进行全偏振测试,得到的 Stokes-Poincaré 参数与光源理论特性相吻合.

5.2 主要创新点

为扩展多层膜偏振光学元件应用范围,简化偏振测试过程,首次提出用非周期多层膜代替原有的双晶单色器型和梯度多层膜型宽带偏振元件.将硬 X 射线超反射镜的设计方法成功应用于极紫外与软 X 射线宽带偏振光学元件设计过程中,推导出非周期多层膜的初值膜系,利用 Leverberg-Marquart 方法进行优化,得到了理想的宽带多层膜偏振光学元件设计结果.

利用磁控溅射方法,通过优化镀膜工艺参数,精确标定薄膜沉积速率,成功制备出 8~19 nm 波段 Mo/Si,Mo/Y 宽带多层膜偏振光学元件,利用德国 BESSY II 同步辐射实验室的偏振装置进行测试,实验结果与理论设计基本吻合.

利用 Mo/Si 宽带反射式检偏器与宽带透射式相移片组合对德国 BESSY 同步辐射 UE56/1 - PGM 光束线首次进行宽带全偏振分析,并给出了从 12.7 nm 到 15.5 nm 波段范围内同步辐射光源的偏振参数,测试结果与光源参数相符合.

5.3　需要进一步解决的问题

通过改进现有薄膜制备工艺,制备高光通量宽带偏振光学元件. 根据现有拟合的粗糙度信息,在宽带偏振光学元件设计过程中,引入粗糙度因子,同时进一步精确标定薄膜的沉积速率,制备出更加平坦的宽带多层膜偏振元件.

使用全局优化算法(如模拟退火法、遗传算法等),优化设计出具有高的光通量和位相差透射式多层膜偏振元件,同时对自支撑透射多层膜偏振光学元件的制备工艺进行摸索,为今后透射式多层膜光学元件的发展奠定基础.

可在探测器上制备宽带透射式偏振元件,这样可以同时测试偏振元件的反射和透射特性;此外,将宽带偏振元件向更短波长扩展,可以设计制备 $6.6 \sim 8 \text{ nm}$ 波段 $La/B_4C, Mo/B_4C$ 反射式宽带偏振元件.

利用现有的多层膜偏振光学元件,与合肥同步辐射、北京同步辐射以及 BESSY 同步辐射进行合作研究,使宽带偏振元件在偏振测试实验中得到应用.

参考文献

［1］ 玻恩,沃耳夫.光学原理[M].7版.北京:电子工业出版社,2005:21-25.

［2］ Horton V G, Arakawa E T, Hamm R N, et al. A triple reflection polarizer for use in the vacuum ultraviolet[J]. Appl. Optics, 1969, 8(3): 667-670.

［3］ Kim J, Zukic M, G. Torr D. Multilayer thin film design as far ultraviolet polarizers[J]. SPIE, 1992, 1742: 413-422.

［4］ Kim J, Zukic M, G. Torr D, et al. Multilayer thin film design as far ultraviolet quarterwave retarders[J]. SPIE, 1992, 1742: 403-412.

［5］ Steinrnetz D L, Phillips W G, Wirick M, et al. A polarizer for the vacuum ultraviolet[J]. Appl. Optics, 1967, 6(6): 1001-1004.

［6］ Winter H, Ortjohann H W. High transmission polarization analyzer for Lyman-α radiation[J]. Rev. Sci. Instrum., 1987, 58: 359-362.

［7］ McIlrath T J. Circular polarizer for Lyman-α flux[J]. J. Opt. Soc. Am., 1968, 58: 506-510.

［8］ Hunter W R. Design criteria for reflection polarizers and analyzers in the vacuum ultraviolet[J]. Appl. Optics, 1978, 17(8): 1259-1270.

［9］ Larruquert J I. Reflectance enhancement with sub-quarter wave multilayers of highly absorbing material[J]. J Opt Soc Am A, 2001, 18(6): 1406-1414.

[10] Golovchenko J A，Kincaid B M，Levesque R A，et al. Polarization Pendellosung and the generation of circularly polarized X-rays with a quarter-wave plate[J]. Phys Rev Lett，1986，57(2)：202 – 205.

[11] Lang J C and Strajer G. Bragg transmission phase plates for the production of circularly polarized X-rays[J]. Rev. Sci. Instrum. ，1995，66(2)：1540 – 1542.

[12] Spiller E. Space Optics[C]//Proc. ICO -IX Santa Monica，1972，581 (National Academy of Science，Washington D. C. ,1974.

[13] Gluskin E S，Gaponov S V，Dehzet P. A polarimeter for soft X-ray and VUV radiation[J]. Nucl. Instrum. Meth. ，1986，A246(1 – 3)：394 – 396.

[14] Khandar A，Dhez P. Multilayer X-ray polarizers[J]. SPIE，1985，563：158 – 163.

[15] Kortright J B. Polarization properties of multilayers in the EUV and soft X ray[J]. SPIE，1993，2010：160 – 167.

[16] Mirkarimi P B，Bajt S，Wall M A. Mo/Si and Mo/Be multilayer thin films on Zerodur substrates for extreme-ultraviolet lighography[J]. Appl. Opt. ，2000，39(10)：1617 – 1625.

[17] Kjornrattanawanich B，Bajt S，Seely J F. Multilayer-coated photodiodes with polarization sensitivity at EUV wavelength[J]. SPIE，2004，5168：31 – 34.

[18] Yamamoto M，Nomura H，Yanagihara M，et al. Polarization performance of EUV transmission multilayers as λ/2 and λ/4 plates at a photon energy of 97 eV[J]. J Electron Spectroscopy and Related Phenomena，1999，101 – 103：869 – 873.

[19] Seely J F，Montcalm C，Baker S. High-efficiency Mo Ru Be multilayer-coated gratings operating near normal incidence in the 11.1 12.0 nm wavelength range[J]. Appl. Optics，2001，40(31)：5565 – 5574.

[20] Sae-Lao B，Montcalm C. Molybdenum-strontium multilayer mirrors for the

8 – 12 nm extreme-ultraviolet wavelength region[J]. Opt. Lett. 2001, 26 (7): 468 – 470.

[21] Montcalm C, Sullivan B T, Duguay S, et al. In situ reflectance measurements of soft-x-ray/extreme-ultraviolet Mo/Y multilayer mirrors[J]. Opt. Lett. 1995, 20(12): 1450 – 1452.

[22] Kjornrattanawanich B, Bajt S. Structural characterization and lifetime stability of Mo/Y extreme-ultraviolet multilayer mirrors[J]. Appl. Opt. , 2004, 43(32): 5955 – 5962.

[23] Kjornrattanawanich B, Soufli R, Bajt S, et al. An assessment of yttrium optical constants in the EUV using Mo/Y multilayers designed as linear polarizers[J]. SPIE, 2004, 5538: 17 – 22.

[24] Michaelsen C, Wiesmann J, Bormann R, et al. La/B4C multilayer mirrors for x-rays below 190 eV[J]. SPIE, 2001, 4501: 135 – 141.

[25] Fonzo S D, Muller B R, Jark W, et al. Multilayer transmission phase shifters for the carbon K edge and the water window [J]. Rev. Sci. Instrum. , 1995,66(2): 1513 – 1516.

[26] Schaefers F, Mertins H-C, Schmolla F, et al. Cr/Sc multilayer for the soft-x-ray range[J]. Appl. Optics, 1998, 37(4): 719 – 728.

[27] Grimmer H, Boni P, Breitmeier U, et al. X-ray reflectivity of multilayer mirrors for the water window[J]. Thin Solid Films, 1998, 319: 73 – 77.

[28] Mertins H C, Schaefers F, Grimmer H, et al. W/C, W/Ti, Ni/Ti, and Ni/V multilayers for the soft-x-ray range: experimental investigation with synchrotron radiation[J]. Appl. Optics, 1998, 37(1): 1873 – 1882.

[29] Contcalm C, Kearney P A, Slaughter J M, et al. Survey of Ti-, B-, and Y-based soft x-ray extreme ultraviolet multilayer mirrors for the 2 – to 12 – nm wavelength region[J]. Appl. Optics, 1998, 37(25): 719 – 728.

[30] Fonzo S D, Jark W. A quarter waveplate for the polarization analysis close to the carbon K edge[J]. Rev. Sci. Instrum. , 1992, 63(1): 1375 – 1378.

[31] Kortright J B, Kim S-K, Warwick T, et al. Soft X-ray circular polarizer using magnetic circular dichroism at the Fe L3 line[J]. Appl. Phys. Lett. , 1997, 71(11): 1446 – 1448.

[32] Kortright J B, Rice M, Carr R. Soft-x-ray Faraday rotation at Fe L2,3 edges [J]. Phys. Rev. B, 1995, 51(15): 10240 – 10244.

[33] Kortright J B, Kima S-K, Fullerton E E, et al. X-ray magneto-optic Kerr effect studies of spring magnet heterostructures [J]. Nucl. Instrum. Methods Phys. Res. A: 2001, 467 – 468(2): 1396 – 1403.

[34] Haga T, Ustumi Y, Itabashi S. Soft x-ray ellipsometer using transmisive multilayer polarizers[J]. SPIE, 1998, 3443: 117 – 127.

[35] Grimmer H, Zaharko O, Horisberger M, et al. Optical components for polarization analysis of soft X-ray radiation[J]. SPIE, 1999, 3773: 224 – 235.

[36] Yanagihara M, Maehara T, Nomura H, et al. Performance of a wideband multilayer polarizer for soft x rays[J]. Rev. Sci. Instrum. , 1992, 63(1): 1516 –1518.

[37] Kortright J B, Rice M, Franck K D. Tunable multilayer EUV/soft x-ray polarimeter[J]. Rev. Sci. Instrum, 1995, 66(2): 1567 – 1569.

[38] Shokooh-Saremi M, Nourian M, Mirsalehi M M. Design of multilayer polarizing beam splitters using genetic algorithm[J]. Opt. Comm. , 2004, 233: 57 – 65.

[39] Baumeister P. Design of optical multilayer coatings[J]. SPIE, 1994, 2253: 2 – 9.

[40] Kozhevnikov I V, Bukreeva I N, Ziegler E. Design of X-ray supermirrors [J]. Nucl. Instrum. Methods Phys. Res. , 2001, A460: 424 –443.

[41] Morawe C, Ziegler E, Peffen J-C, et al. Design and fabrication of depth-graded X-ray multilayers[J]. Nucl. Instrum. Methods Phys. Res. , 2002, A493: 189 – 198.

[42] Haga T，Utsumi Y，Itabashi S. Soft X-ray ellipsometer using transmission multilayer polarizers[J]. SPIE, 1998, 3443：117 - 27.

[43] Fonzo D S，Jark W，Schafers F，et al. Phase-retardation and full-polarization analysis of soft-x-ray synchrotron radiation close to the carbon K edge by use of a multilayer transmission filter[J]. Appl Opt,1994, 33(13)：2624 - 2632.

[44] Wang H, Wang Z, Zhang S, et al. Design of soft x-ray multilayer polarizing elements[J]. SPIE, 2006, 6034：603418 -1 - 7.

[45] 唐晋发. 应用薄膜光学[M]. 上海：上海科学技术出版社,1984.

[46] Stearns D G. The scattering of x rays from nonideal multiplayer structures [J]. J. Appl. Phys. , 1989, 65(2)：491 - 506.

[47] Stearns D G. X-ray scattering from interfacial roughness in multilayer structures[J]. J. Appl. Phys. , 71(9)：4286 - 4296.

[48] Stearns D G, Gaines D P, Sweeney D W, et al. Nonspecular x-ray scattering in a multilayer-coated imaging system[J]. J. Appl. Phys. , 1998, 84(2)：1003 - 1028.

[49] Bennett H E, Porteus J O. Relation between surface roughness and specular reflectance at normal incidence[J]. J. Opt. Soc. Am. 1961, 51：123 -129.

[50] 王洪昌,王占山,李佛生. 软 X 射线多层膜反射式偏振光学元件设计[J]. 光学技术,2003,29(3)：277 - 280.

[51] Yamamoto M，Cao J，Namioka T. Optical criterion of the selection of material pairs for high-reflectance soft x-ray multilayers[J]. SPIE, 1989, 1140：448 - 452.

[52] 王洪昌,王占山. 多层膜优化设计方法[J]. 应用光学,2006,26(5)：50 - 53.

[53] 王占山,Kortright J B. Polarization properties of multilayers in EUV and soft x-ray[J]. SPIE, 1993, 2010：160 - 167.

[54] Kim D E, Lee S M, Jeon I. Transmission characteristics of multilayer structure in the soft x-ray spectral region and its application to the design of

quarter-wave plates at 13 and 4. 4 nm[J]. J Vac Sci Technol. ，1999，A17 (2)：398 - 402.

[55] Wang H C，Wang Z S，Fengli W，et al. Design of the broad angular multilayer analyzer for soft x-ray and extreme ultraviolet[C]//Proc. 8th Int. Conf. X-ray Microscopy，2006，IPAP Conf. Series 7：177 - 179.

[56] 王洪昌,王占山. 软 X 射线偏振光学元件的设计与制备[J]. 光学仪器,2005, 26 (5)：50 - 53.

[57] Wang H，Wang Z，Zhang S，et al. Fabrication and characterization of Ni thin films using Direct-Current magnetron sputtering[J]. Chin. Phys. Lett. ，2005，22(8)：2106 - 2108.

[58] Sun L，Cui M，Zhu J，et al. The development of soft X-ray polarimeter with multilayer based on synchrotron radiation[C]//ICXOM，2005，Italy Rome.

[59] Schäfers F，Mertins H-C，Gaupp A，et al. Soft-X-ray polarimeter with multilayer optics：complete analysis of the polarization state of light[J]. Appl. Opt. ，1999，38(19)：4074 - 4088.

[60] Maury H，Jonnard P，André J-M，et al. Non-destructive X-ray study of the interphases in Mo/Si and Mo/B_4C/Si/B_4C Multilayers[J]. Thin Solid Films，2006，514：278 -286.

[61] Fullerton E E，Schuller I K ，Vanderstraeten H，et al. Structural refinement of superlattices from X-ray diffraction[J]. Phys. Rev. B,1992, 45：9292.

[62] Windt D L. IMD-Software for modelling the optical properties of multilayer films[J]. Computers in Physics，1998，12：360 - 370.

[63] Wang Z，Wang H，Zhu J，et al. Broadband multilayer polarizers for soft X-ray[J]. J Appl. Phys. ，2006，99：056108 -1 - 3.

[64] Wang H，Zhu J，Wang Z，et al. Design，fabricaiton and characterization of the soft X-rays broadband multilayer polarizer[J]. Thin Solid Film，2006， 515：2523 - 2526.

[65] Henke B L，Gullikson E M，Davis J C. X-ray interactions：photoabsortion，scattering，transmission and reflection at E=50－30000 eV，Z=1－92[J]. At. Data Nucl Data Tables，1993，54：181－342.

[66] Wang Z，Wang H，Zhu J，et al. Broad angular multilayer analyzer for EUV/soft X-ray[J]. Optics Express，2006，14(6)：2533－2538.

[67] Wang Z，Wang H，Zhu J，et al. Mo/Y broadband multilayer analyzer in the extreme-ultraviolet region[J]. Applied Physics Letter，2006，89（24）：241120－1－3.

[68] Wang Z，Wang H，Zhu J，et al. Performance of broadband Mo/Y multilayer analyzer for the 11－13 nm wavelength range[J]. Thin Solid Film，2007.

[69] Fonzo S D，Jark W，Schafers F，et al. Phase-retardation and full-polarization analysis of soft-x-ray synchrotron radiation close to the carbon K edge by use of a multilayer transmission filter[J]. Appl. Opt. ，1994，33：2624－2632.

[70] Kimura H，Kinoshita T，Suzuki S，et al. Polarization characteristics of synchrotron radiation by means of rotating-analyzer ellipsometry using soft x-ray multilayer[J]. Proc. SPIE，1993，2010：37－44.

[71] Yamamoto M. Polarimetry with use of soft x-ray multilayers[J]. Proc. SPIE，1993，2010：152－159.

[72] Wang Z，Wang H，Zhu J，et al. Broadband Mo/Si multilayer transmission phase retarders in the extreme ultraviolet region[J]. Appl. Phys. Lett. ，2007，90(3).

后 记

    本书是在导师王占山教授的悉心指导下完成的.王占山教授深厚的理论功底、严谨的治学态度、高尚的人格魅力深深感染着我,使我在研究生的学习过程中慢慢领悟"知识、人格、能力"的真正含义,切身体会到做事细心认真的重要性,并在科研过程中学会类别联想,加强理论与实验相结合.在此,谨向王占山教授表示崇高的敬意和诚挚的谢意.

    特别感谢陈玲燕教授在科研和生活上对我的指导和帮助,陈玲燕老师乐观的生活态度,清晰的科研思路,忘我的奉献精神使我受益终身!感谢秦树基教授与吴永刚教授对本论文样品的制备工作给予的指导和帮助!

    在博士论文完成后,我在英国 Diamond 同步辐射光源继续偏振领域相关的研究工作.近几年,结合同济大学多层膜研制的丰富经验及 Diamond 同步辐射光源偏振分析的测试需求,将偏振元件的研究工作进一步应用到同步辐射光源偏振测量分析中.

    在原有工作的基础上,提出新的软 X 射线透射式多层膜偏振元件的设计方法.在设计过程中,采用 p 偏振光的透过率与透射偏振率的对数乘积作为评价函数.通过使用新的评价函数,在 13.0 nm 波长处,透射式多层膜偏振元件的透过率和透射偏振率分别达到 30% 和 200 以上.

通过进一步优化薄膜制备工艺,制备了周期厚度为 3.9 nm,周期数为 100 的 Cr/C 多层膜起偏器. 样品在 Diamond 同步辐射光源进行偏振特性检测,Cr/C 多层膜起偏器对 s 偏振光的反射率高达 21.8%. 研制的 Cr/C 多层膜起偏器可对 240~260 eV 波段的天文观测领域进行有效的偏振分析.

此外,为测试同步辐射插入件的偏振特性,成功制备了周期厚度仅为 1.2 nm,周期数为 250 的 W/B_4C 多层膜起偏器. 结合 W/B_4C 多层膜相移片,利用 Diamond 同步辐射光源偏振计,对 Diamond 的 I06 和 I10 两个软 X 射线光束线的偏振特性在 710 eV 附近进行全偏振分析. 通过测试,发现 I10 光束线的 APPLE II 插入件有准直误差,其中线偏振角度误差高达 6°. 利用全偏振测试结果,对插入件的准直误差进行了有效矫正. 这项工作进一步使研制的偏振元件在偏振测试实验中得到实际应用,尤其对在 Fe、Co、Ni 等元素吸收边附近进行的磁圆二向色性的定量分析具有重要意义.

Diamond 同步辐射光源偏振计利用六维调整平台,可以使偏振计实现快速精确的定位准直,其位移精度可达到 1 微米,角分辨率精度可以高达 1 微弧度. 结合该偏振计超高精度优势,利用 Cr/Sc 多层膜相移片和检偏器,还对 I06 线站的前后两个插入件在 400 eV 进行精确的全偏振分析. 测试结果表明,光源的光通量不仅会随着插入件的相位调节装置而改变,其变化还与圆偏振光的偏振率成反比.

如绪论所述,在极紫外和软 X 射线波段,多层膜是最佳偏振光学元件,而在硬 X 射线波段,可用硅、金刚石和石墨单晶制成起偏器和检偏器. 为填补在 1 000~2 000 eV 能段的偏振特性研究空白,提出了利用多层膜相移片和晶体检偏器的结合,对同步辐射光学特性进行全偏振分析. 这个工作也充分利用 Diamond 同步辐射光源偏振计的超高精度特点,可以对偏振计进行快速和精确的准直. 首次通过全偏振测量验证可以利用多层膜相移片和晶体检偏器的结合在 1 100 eV 波段附近进行光源偏振特性的精确测量.

目前,同济大学与 Diamond 同步辐射光源继续进行多层膜偏振元件、偏振光检测及相关应用领域的合作.在今后的工作中,进一步优化设计方法、提高制备工艺,期望把极紫外和软 X 射线波段全偏振分析工作不仅在 Diamond 同步辐射光源继续发展,还有望推广到其他同步辐射光源的实际测试分析中.

王洪昌